미래를 읽다 과학이슈 11

Season 7

미래를 읽다 과학이슈 11 *Season 7*

2판 1쇄 발행 2021년 4월 1일

글쓴이 홍희범 외 10명

펴낸이 이경민
펴낸곳 ㈜동아엠앤비
출판등록 2014년 3월 28일(제25100-2014-000025호)
주소 (03737) 서울특별시 서대문구 충정로 35-17 인촌빌딩 1층
전화 (편집) 02-392-6901 (마케팅) 02-392-6900
팩스 02-392-6902
전자우편 damnb0401@naver.com
SNS 🅵 🅾 🄱🄻🄾🄶

ISBN 979-11-6363-381-5 (04400)

미래를 읽다 과학이슈 11

과학이슈 11

Season 7

홍희범 외 10명 지음

동아엠앤비

북한 비핵화, 라돈 침대,
최악의 폭염, 매크로 프로그램까지
최신 과학이슈를 말하다!

2018 년은 국내외적으로 많은 사건들이 벌어졌던 한 해였다. 4월 27일 판문점 평화의 집에서 11년 만에 남북정상회담이 열렸고, 6월 12일 싱가포르에서는 역사상 최초로 북미정상회담이 개최됐다. 2월 평창 동계올림픽, 6~7월 러시아 월드컵, 8~9월 자카르타 팔렘방 아시안게임 등 굵직한 스포츠 행사가 전 세계의 관심을 모았다. 여름에는 한반도를 비롯한 유럽, 북미 등 중위도 지역에 최악의 폭염이 기승을 부렸고, 드루킹 일당의 댓글 조작, 사법 농단, 라돈 침대 사건 등이 한국 사회를 강타했다. 2018년 한 해를 뜨겁게 달군 과학이슈에는 어떤 것이 있을까?

먼저 남북정상과 북미정상이 잇달아 만나면서 한반도에 평화의 기운이 감돌기 시작했지만, 새로운 평화의 시대를 열기 위해서는 북한의 비핵화 문제를 풀어야 한다. 북한의 비핵화는 역사적으로 가장 어려운 비핵화가 될 전망이다. 북한은 우라늄 핵무기와 플루토늄 핵무기를 개발했고 핵실험도 알려진 것만 6번이나 실시했기 때문이다. 과연 미국에서 요구하는 '완전하고 검증 가능하며 불가역적인 비핵화'가 가능할까? 비핵화를 위한 핵사찰은 어떻게 진행될까?

한반도의 평화 모드에 남북이 과학기술 교류를 통해 어떤 분야에서 어떤 협력이 가능한지도 관심사로 떠올랐다. 분단의 상처를 치유하기 위해 '6·25 전사자'의 유해를 공동으로 발굴할 수 있으며, 남북 간의 철도를 연결하고 정상화하기 위해 구체적인 논의가 진행되고 있다. 그리고 앞으로 북한 지역의 광물자원 탐사, '백두산 과학기지'에서 분화 모니터링, 임진강 홍수와 산림 황폐화 같은 재난 대비, 한의학과 고려의학의 시너지 등을 기대할 수 있다.

2018년 5월 국내 한 방송사에서 침대 매트리스에서 방사성물질인 라돈이 검출됐다는 뉴스를 보도하면서 '라돈 침대 사건'이 불거졌다. 폐암을 일으키는 1급 발암물질로 알려져 있는 라돈이 침대 매트리스뿐만 아니라 생리대, 베개, 전기매트 같은 일부 생활용품에서도 검출되어 불안감이 커졌다. 과연 라돈은 어디서 나오고 얼마나 해로울까? 우리는 생활 속 라돈에 어떻게 대처해야 할까?

2018년 여름에는 우리나라 폭염의 역사를 새로 썼다. 2018년 8월 1일 강원도 홍천이 41℃까지 치솟으며 우리나라 역대 최고기온 기록을 갈아치웠고, 이날 서울은 39.6℃까지 오르며 기상 관측이 처음 시작된 1907년 이후 111년 만에 가장 높은 최고기온을 기록했다. 이런 폭염의 원인은 무엇일까? 우리나라가 더위에 펄펄 끓고 있었을 때 다른 나라의 사정은 어땠을까? 폭염 피해를 줄이려면 어떻게 해야 할까?

정치권에서는 드루킹 일당의 댓글 조작, 사법 농단 등의 사건이 터졌는데, 이 사건들의 중심에 과학이슈가 숨어 있었다. 바로 댓글 조작에 사용된 매크로 프로그램, 사법 농단을 덮기 위한 디가우징이다. 매크로 프로그램은 원래 유용한 프로그램이라고 하는데, 어떻게 댓글을 조작하는 데 쓰인 걸까? 양승태 전 대법원장이 재직 중 쓰던 컴퓨터가 디가우징 후 폐기되어 검찰이 자료를 확보할 수 없었다고 하는데, 디가우징이란 무엇일까? 또 디지털 포렌식이란 어떤 수사기법인가?

이 외에도 러시아 월드컵에서 본격적으로 도입되기 시작한 비디오 판독(VAR)과 다양한 스포츠에서 실시되는 비디오 판독, 최근 평택항, 부산항 등에서 잇따라 발견된 '세계 100대 악성 침입외래종' 붉은불개미, 오감의 융합인 공감각과 관련된 유전자 변이를 찾아 그 비밀을 밝힌 최신 연구, '역사상 가장 뜨거운 우주 미션'을 수행할 파커 태양탐사선, 2018년 노벨과학상 등이 2018년 한 해 대한민국에서 크게 회자됐던 과학이슈였다.

과학 분야뿐만 아니라 정치, 사회, 스포츠 등 다양한 분야에서 과학적으로 중요하거나 과학으로 해석해야 하는 중요한 이슈들이 매일 쏟아져 나오는 지금, 이런 이슈들을 제대로 해석하고 설명하기 위해 전문가들이 한자리에 모였다. 우리나라 대표 과학 매체의 편집장, 과학 전문기자, 과학 칼럼니스트, 연구자 등이 2018년 화제로 떠올라 주목해야 할 과학이슈 11가지를 선정했다. 이 책에 뽑힌 과학이슈가 우리 삶에 어떤 영향을 미칠지, 그 과학이슈는 앞으로 어떻게 전개될지, 그로 인해 우리 미래는 어떻게 바뀌게 될지에 대해 함께 생각해 보면 좋겠다. 이를 통해 사회현상을 좀 더 깊이 들여다보고 일반 교양지식을 넓힐 수 있을 뿐만 아니라 논술, 면접 등에서도 큰 도움을 얻을 수 있을 것이라 확신한다.

2019년 1월 편집부

contents

〈들어가며〉 **북한 비핵화, 라돈 침대, 최악의 폭염, 매크로 프로그램까지
최신 과학이슈를 말하다! 4**

ISSUE 1 **비핵화 ● 홍희범**
북한, 완전하고 검증 가능하며 불가역적인 비핵화 가능할까? **10**

ISSUE 2 **라돈 침대와 방사선 ● 목정민**
방사선 피폭, 어느 정도까지 괜찮을까? **34**

ISSUE 3 **최악의 폭염 ● 신방실**
2018년 여름 왜 역대급으로 무더웠을까? **54**

ISSUE 4 **디지털 포렌식 ● 한세희**
휴대전화는 말을 한다, 창과 방패의 싸움! **76**

ISSUE 5 **붉은불개미 ● 김범용**
악성 외래종 붉은불개미 어떻게 대처해야 할까? **96**

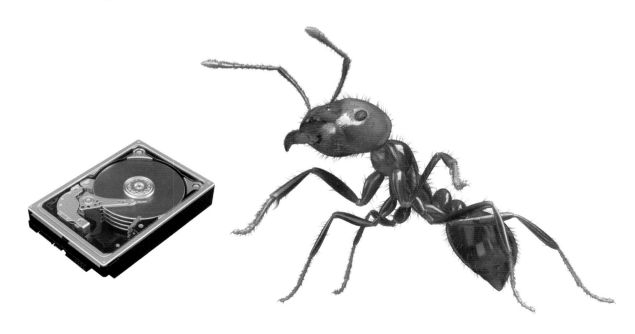

ISSUE 6 **남북 과학협력 ● 권예슬**
남북 과학협력 분야 7, 유해 발굴부터 전통의학까지 **114**

ISSUE 7 **매크로 프로그램 ● 박응서**
'매크로 프로그램' 유용 프로그램이지만 악용하면 큰 문제! **136**

ISSUE 8 **비디오 판독 ● 이충환**
스포츠의 비디오 판독, 과학으로 들여다본다 **156**

ISSUE 9 **공감각의 비밀 ● 강석기**
오감의 융합, 공감각의 비밀 풀었다 **176**

ISSUE 10 **태양탐사선 파커 ● 이광식**
'역사상 가장 뜨거운 우주 미션' **190**

ISSUE 11 **2018 노벨 과학상 ● 신수빈**
2018 노벨 과학상, 인류의 건강을 지키다! **208**

ISSUE 1

비핵화

홍희범

홍익대 영문과를 졸업하고 1994년 《월간 플래툰》 편집·집필진으로 활동하다 2000 년부터 《월간 플래툰》 편집장 겸 발행인으로 있다. 국군방송 및 각종 매체의 군사 관련 자문 및 글을 기고하고 있으며 허핑턴포스트의 군사 관련 기사를 집필하고 있다. 주요 번역서로 『스나이퍼 라이플(2016)』, 『미육군 소총사격교범(2016)』, 『세계의 특수부대(2015)』, 『무기와 폭약(2008)』(월간 《플래툰》 별책), 『제2차 세계대전사(2016)』(밀리터리 프레임 발행) 등이 있으며, 저서로는 『세계의 군용총기백과 3, 4권(2007, 2012)』, 『세계의 항공모함(2009)』, 『밀리터리 실패열전 1, 2(2011)』, 『알기 쉬운 전차이야기(2013)』가 있다.

북한, 완전하고 검증 가능하며 불가역적인 비핵화 가능할까?

2018년 6월 12일 싱가포르 북미정상회담장에서 북한의 김정은 국무위원장과 미국의 도널드 트럼프 대통령이 악수를 하고 있다.

　　2018년 4월 27일, 판문점에서 문재인 대한민국 대통령과 김정은 북한 국무위원장이 2018년 1차 남북 정상회담을 가졌다. 그리고 그로부터 한 달 뒤인 5월 26일에는 2차 남북 정상회담이 개최됐고, 9월 19일에는 2018년 들어 세 번째 남북 정상회담이 평양에서 열렸다. 곧 서울에서 4차 남북정상회담이 개최된다고 한다.

　　이뿐만이 아니다. 6월 12일에는 북미 정상회담도 싱가포르에서 개최되어 트럼프 미국 대통령과 김정은 국무위원장과의 만남이 성사됐다. 미국의 마이크 폼페이오 국무장관(우리나라로 따지면 외무부 장관)도 북한을 9월까지 4차례 방문했다. 이처럼 남북, 그리고 북미 간에 전례 없이 잦은 만남이 이뤄지면서 화해 분위기가 달아오르고 있지만, 이 것이 계속 유지되려면 지켜져야 하는 전제가 있다. 바로 '비핵화'이다.

비핵화와 CVID

비핵화란 무엇일까. 간단하게 말하자면 핵무기를 없애는 일이다. 하지만 핵무기를 없앤다는 것은 말처럼 쉬운 일이 아니다. 핵무기를 개발하고 유지하는 데에는 많은 노력과 장비가 필요하지만, 일단 완성된 핵무기와 핵무기 개발ㆍ생산 능력을 감추는 것은 그렇게 어려운 일이 아니기 때문이다.

특히 미국이 요구하는 비핵화 방식이 CVID(Complete, Verifiable, Irreversible Dismantlement), 즉 '완전하고, 검증가능하며, 불가역적인 비핵화'인 데다 단번에 이것을 달성하기를 바란다는 데에서 이야기는 더 까다로워진다. 북한이 하는 말과 행동을 100% 신뢰할 수 있다면 고민은 전혀 없겠지만, 북한이 그리 신뢰할 만한 상대가 아니라는 점도 문제거니와 북한이 요구하는 비핵화가 여러 단계로 나뉘는 방식인 데다 기존 핵무기의 폐기부터 미래 핵무기 생산 능력의 해체 등에 대한 그 어떤 확답도 없는 상태여서 앞으로 핵협상이 어떻게 진행될지 장담하기 힘들다. 현재까지 북한은 비핵화 의지가 있다는 사실만 말했을 뿐 어떻게 그것을 실천할지는 구체적으로 언급하지 않는 상태이다. 물론 2018년 5월에 풍계리 핵실험장 갱도를 폭파하기도 했고 최근에는 동창리 미사일 실험장을 해체하겠다고 표명하기도 했지만, 그것이 충분한 비핵화 의지의 표명인지는 전문가들 사이에서도 의견이 사뭇 분분하다(여기에 대해서는 뒤에서 따로 언급할까 한다).

'자타 공인' 핵보유국, 5+2

일단 비핵화를 거론하려면 그 전에 핵보유국이 몇 나라나 있고,

그중 비핵화를 한 사례는 있는지 알아봐야 한다.

현재 핵무기를 '공식적으로 확실히' 보유해 핵보유국임을 자타가 공인하는 나라는 미국, 러시아, 영국, 프랑스, 중국, 인도, 파키스탄 등 7개국이다. 사실 이 중에서 흔히 말하는 '핵보유국 대접'을 받는 나라는 인도와 파키스탄을 제외한 5개국으로, 1970년에 발효된 핵확산금지조약(NPT)에서 인정받은 나라들이다(인도와 파키스탄은 핵보유국임이 공식적으로 밝혀져 있지만, 핵보유국으로서의 특혜는 인정받지 못했으며 꽤 오랫동안 국제사회의 제재를 받아왔다). NPT는 핵실험과 핵무기를 엄격하게 통제하는 조약이다. 원래는 미국, 러시아, 영국, 프랑스, 중국의 5개국만 핵무기를 보유하고, 다른 나라들의 경우에는 민간 핵활동(원자력 발전 등)은 허용하지만 이에 대해서 국제원자력기구(International Atomic Energy Agency, IAEA)를 통해 엄격한 감시를 하겠다는 것이 취지였다. 우리나라도 NPT에 가입해 있다. NPT가 발효된 직후 이에 가장 처음 도전한 나라는 바로 인도다. 1974년에 핵실험을 했으니 그야말로 NPT 체제가 생기자마자 여기에 도전한 셈이다. 그 때문에 한동안 국제사회의 경제제재도 받으면서 나름 곤란을 겪기도 했다. 결국 1998년까지는 핵실험을 중지하고, 핵무장 능력은 있지만 평화적인 목적으로만 원자력을 사용하겠다고 선언했다.

하지만 이런 상황이 바뀐 것은 이웃의 라이벌인 파키스탄이 핵무기를 개발했기 때문이다. 파키스탄은 인도의 핵개발 이후 핵무기를 은밀하게 개발하기 시작했고, 결국 인도가 1998년에 핵실험을 재개하자 이에 대항하기 위해 그해에 두 번의 핵실험을 실시했다. 이로써 인도와 파키스탄은 핵군비 경쟁에 돌입하게 됐다.

사실 인도와 파키스탄은 아무 일이 없었다면 매우 강한 국제사회의 제재에 직면했겠지만, 곧이어 벌어진 2001년의 9.11 테러사건과 중국의 대두로 인해 이를 모면했다. 9.11 테러로 미국이 아프가니스탄을 공격하게 되자 이웃 파키스탄의 협력이 매우 중요해졌고, 이로 인해 결국 미국은 파키스탄에 대한 경제제재를 철회했다. 인도 역시 중국에 대

오스트리아 비엔나에 위치한 IAEA 본부.

주요 외신은 싱가포르
북미정상회담을 톱뉴스로
보도했다. 이 회담의 공동성명에는
'북한은 한반도의 완전한 비핵화를
향해 노력할 것을 약속한다'는
내용이 포함됐다.

항하는 교두보로서 그 중요성을 인정받아 2006년에 인도와 미국이 원
자력 협정을 체결했고, 그 결과 인도는 미국으로부터 관련 기술과 물자
를 제공받고 그 대가로 IAEA의 사찰은 받지만, 핵무기는 포기하지 않는
사실상의 핵보유국 지위를 얻게 됐다.

긍정도 부정도 하지 않다

앞서 언급한 7개국 외에 핵보유국임에도 불구하고(심지어 5대 핵
보유국에 포함되는 프랑스와 영국이 뒤에서 지원했다는 강한 의혹을 받
고 있음에도 불구하고) 핵보유국이 아니라는 이상한 나라가 있다. 바
로 이스라엘이다. 사실상 전 세계 모든 나라들이 이스라엘이 핵무기를
가졌다는 사실을 잘 알고 있으나 핵보유국 지위를 인정받지도 않을뿐
더러, 이스라엘 자신도 절대로 핵무기 보유국이라고 주장하지 않기 때
문이다. 사실 5대 핵보유국을 제외하면 가장 빨리 핵무기를 완성한 것
(1966년)이 이스라엘이기도 하다.

이스라엘의 이런 독특한 입장은 바로 미국과의 관계 때문이다. 이스라엘은 아랍 세계 한가운데에 떠 있는 섬과도 같은 입장이라 핵무기 같은 억제수단 없이는 언제든 주변 아랍 국가들의 공세에 휩쓸릴 수 있다는 불안감을 늘 가지고 있다. 하지만 그렇다고 핵무기 확산에 원칙적으로 부정적인 미국에 정면으로 거스를 수도 없다. 사실 이스라엘은 국방비의 상당 금액을 미국의 군사원조로 메꿀 정도로 미국의 지원에 의존하는 나라인 만큼, 미국을 정면으로 거스르면서 핵보유를 할 입장이 결코 아니다. 이 때문에 이스라엘은 일단 핵무기를 보유하기 위해 필사적으로 서두른 다음, 일단 핵무기를 갖게 된 뒤에는 자신들의 핵보유에 대해 NCND(Neither Confirm Nor Deny), 즉 '긍정도 부정도 하지 않는' 입장을 고수하고 있다. 핵무기를 갖고 있지만 갖고 있다는 말은 절대로 하지 않는 그런 경우이다. 사실 정도의 차이는 있지만 인도와 파키스탄도 핵보유는 공식화했을지언정 핵무기의 존재에 대해서는 '없다고는 안 해도 말은 아끼는' 경우가 대부분이다.

　　설령 핵무기를 갖고 있어도 열심히 떠벌이는 경우는 별로 없다. 핵무기는 가지려고 시도하는 그 단계부터 강대국들을 중심으로 하는 국제사회의 압박에 강하게 직면하기 때문이다. 미국의 강력한 지원을 받는 이스라엘조차 미국과 국제사회의 눈치를 보느라 NCND를 50년 넘게 지속하고 있다. 인도와 파키스탄 같은 나라들도 9.11 테러 등의 다른 계기가 없었다면 강한 제재를 받았을 것이다. 물론 이것이 강대국의 횡포라며 비난하는 것도 나름 말은 되지만, 그렇다고 핵무기가 마구 범람하는 것을 그냥 놔두는 것이 정당한 것도 아니다. 핵무기는 단 한 발만으로도 수십만 명의 희생과 도시 하나가 궤멸되는 재산피해, 엄청난 환경재앙을 낳을 수 있는 무기다. 한마디로 존재 그 자체가 엄청난 재앙을 부를 수 있는 것으로 일반 무기와는 차원이 다르다. 오죽하면 핵무기의 등장으로 기존의 다른 무기들이 전부 '재래식(conventional)'으로 분류될 정도로 다른 차원 취급을 받을까. 따라서 아무리 기존 5대 핵보유국에 유리하다고 해도 비핵화 노력이 세계 대부분 국가들의 동의하에 이뤄지는 이유도 이 때문이며, 기존 5대 핵보유국들 역시 현재 수준 이상의 핵무기를 늘리는 것을 자제하면서 핵군비 경쟁을 억제하고 있다. 이런 점에서 북한의 핵보유 노력은 다른 나라들과 매우 다를 뿐 아니라 우려를 자아내기도 한다. 여기에 대해서도 뒤에서 따로 언급할까 한다.

비핵화에 성공한 사례, 남아프리카공화국

사실 핵무기를 직접 완성까지 해 놓고도 그것을 완전히 비핵화하는 데 성공한 사례는 단 한 나라뿐이다. 바로 남아프리카공화국이다. 남아프리카공화국은 아프리카에서 몇 안 되는 '돈과 기술이 모두 있는' 나라였다. 2차 세계대전 이후에도 백인 정권이 그대로 남아 통치하고 있고 다이아몬드와 백금, 그리고 핵무기의 원료가 될 우라늄 등 귀중한 천연자원이 풍부한 이 나라는 기술적으로도 백인 정권에 원래 우호적이던 미국 및 유럽 등으로부터 원자로를 도입하면서 다른 아프리카 국가들은 물론 다른 신생 독립국들보다 월등히 앞선 입장에서 핵개발을 시작할 수 있었다. 물론 돈과 기술이 유리하다고 핵개발을 해야만 하는 것은 아니다. 그렇게 따지면 훨씬 돈 많고 기술도 좋은 다른 선진국들은 진작 핵개발을 했었어야 한다. 하지만 독일이나 스웨덴처럼 자본과 기술만으로는 얼마든지 핵무기를 개발할 수 있는 나라들도 결국 핵개발을 포기하고 비핵국가로서의 길을 고집하고 있다. 즉 돈과 기술 이외의 다른 정치·외교적 이유가 있어야 한다는 이야기다. 남아프리카공화국은 백인 정권이 인종차별 정책을 철폐하지 않고 고집하면서 국제 사회에서 빠르게 고립되어 갔다. 여기에 더해 이웃 앙골라에 소련군과 쿠바군이 주둔하며 주변 안보여건이 매우 나빠지자 핵무기 없이는 자국의 안보 및 인종차별 체제를 지켜나갈 수 없다는 불안감에 휩싸이게 됐다.

1970년대부터 본격적인 핵개발을 시작한 남아프리카공화국에게 이스라엘이 좋은 파트너로 접근했다. 이스라엘은 1960년대에 핵무기를 완성은 했지만, 자체적인 핵실험은 하지 못한 상태였다. 비록 프랑스와

2002년 이라크에 대한 사찰을 하기 위해 입국한 UN 사찰단. 당시 핵무기와 대량살상무기 검증 과정이 원활히 풀리지 못한 것이 미국의 이라크 침공 원인 중 하나가 됐다.
ⓒ IAEA

의 협력을 통해 프랑스가 실시한 핵실험 데이터를 공유할 수 있었지만, 그래도 자체 핵실험은 핵무기의 성능 검증과 개량에 필수적이다. 남아프리카공화국의 광대한 영토를 핵실험장으로 공유할 수 있다면 핵무기 개량에 이보다 더 안성맞춤일 수 없었다.

게다가 이스라엘은 아랍 측의 방해로 외교적으로 고립되어 있었다. 사실 우리나라도 1970~1980년대에 아랍 산유국들의 압력으로 이스라엘과의 외교관계를 단절하기도 했다. 아랍 산유국들이 이스라엘과 외교관계를 계속하면 우리나라에 석유를 수출하지 못하겠다고 한 것이다. 당시 산유국들은 석유 생산을 제한해 수출량을 줄임으로써 석유 가격이 급상승해 세계 경제가 휘청거릴 정도였으니('오일 쇼크'), 이스라엘이 국제적으로 고립될 만도 했다. 이유는 달라도 세계적인 고립을 겪던 남아프리카공화국은 이스라엘과 금세 손을 잡을 수 있었다. 특히 1977년 11월 4일에 UN 안보리의 결의안 418호를 통해 남아프리카공화국에 대한 모든 무기의 수출 금지조치가 단행되자, 당시 세계적인 무기 생산국으로 새로 떠오르던 이스라엘과의 협력은 남아프리카공화국에는 생사의 갈림길이라 해도 과언이 아니었다.

1979년에는 남아프리카공화국이 인근 외딴 섬에서 핵실험을 한 것으로 의심되는 정황이 발견됐다(하지만 아직까지는 확실하지 않다). 결국 1982년에는 남아프리카공화국 최초의 핵무기가 완성되기에 이르렀다. 이처럼 착실히 진행되던 남아프리카공화국의 핵무장이 갑자기 멈춰버린 것은 정권 교체 때문이다. 1980년대 끝 무렵에 인종차별 정책이 빠르게 무너지고 1994년에 백인 정권이 흑인 정권으로 교체되

2003년 리비아에서 발견된 원심분리기. 고농축 우라늄을 만드는 데 쓰인 것으로 보인다.

는 과정에서 백인 정권은 자신들이 핵무기를 갖고 있다는 사실을 전 세계에 공개해 버렸고, 1989년에는 핵무기 개발 및 생산의 전면 중단을 선언했다. 흑인 정권이 핵무기를 보유할 수도 있다는 사실을 우려한 때문이지만, 사실 흑인 정권 입장에서도 핵무기를 계속 보유하다가 정권 교체 후 필수적인 국제사회의 지원을 받지 못할 수 있다는 불안감으로 인해 핵무기를 계속 보유하기 힘들었다. 이 때문에 남아프리카공화국은 보유하고 있던 원자폭탄 6발과 만들고 있던 한 발을 모두 폐기처분하고 NPT에 가입하는 한편으로 IAEA의 전면 사찰을 허용했다. IAEA는 1994년에 사찰을 마치고 남아프리카공화국이 핵무기 개발을 완전히 중단하고 핵무기 개발능력을 폐기한 뒤 평화적인 민간 핵활동만 하게 된다고 확인했다. 이로써 남아프리카공화국은 최초로 핵무기 보유까지 성공하고 비핵화까지 달성한 나라가 됐다.

리비아, 비핵화의 좋지 않은 사례?

핵무기는 완성하지 않았지만, 핵무기를 보유하기 위해 필사적으로 노력하다 결국 국제사회의 압박에 굴복한 경우도 있다. 바로 리비아다. 리비아는 북한과 마찬가지로 NPT에 가입하고도 핵무기 개발을 비밀리에 시도해 왔다. 여기에는 핵무기를 먼저 완성한 파키스탄의 강력한 기술지원이 있던 것으로 여겨지고 있다. 하지만 2001년 9.11 테러가

벌어지고 뒤이어 이라크 전쟁이 발발하면서 전쟁의 불씨가 자국에까지 미칠 수도 있다고 두려워한 리비아의 독재자 무아마르 카다피는 결국 국제사회의 압력에 굴복했다. 2003년에 대량살상무기 개발을 포기하고 우라늄 농축용 원심분리기와 탄도미사일, 화학무기 등을 모두 폐기한 뒤 IAEA의 사찰까지 허용했다.

이는 단순히 전쟁을 두려워해서만은 아니었다. 리비아는 산유국으로서 원래대로면 돈은 걱정할 필요 없는 국가였지만, 1980년대에 벌어진 여러 테러의 배후로 지목되면서 미국이 주도하는 국제사회의 강력한 경제제재에 직면해 경제 여건이 크게 나빠졌다. 무기 수출이 금지되는 것은 물론이고, 심지어 낡아서 바꿔야 하는 여객기도 교체하지 못하고 계속 유지해야 하는 등의 부작용이 심해진 상황에 전쟁 위험까지 늘어나자 마지 못해 국제사회의 압력에 굴복한 것이다.

다만 리비아의 비핵화 사례는 북한의 비핵화에 좋지 않은 사례를 남겼다. 리비아는 단번에 검증 가능하고 불가역적인 비핵화를 달성했고, 이어 경제제재가 풀렸으며 미국과의 외교관계도 복원했다. 그러나 2011년에 리비아에서 반정부 시위가 격화되자 카다피는 이를 무력으로 진압했는데, 이 과정에서 결국 미국이 주도하는 다국적군이 공습으로 리비아 정부군을 타격하자 카다피 정권이 무너져 카다피 본인도 비참한 최후를 맞이했다. 아마도 이 사례로 인해 북한이 미국이 주장하는 CVID에 강하게 반발하는 것 아닐까 싶다.

남의 핵무기를 떠안은 3개국

핵보유국이 되기는 했으나 직접 핵무기를 개발한 적이 없는 나라들은 비핵화가 비교적 수월하게 이뤄졌다. 바로 구소련에 속했던 신생 독립국들이다. 이 나라들은 과거 소련에 속해 있을 때 소련군의 핵무기가 배치돼 있었는데, 1991년에 소련이 무너지면서 졸지에 핵무기를 떠안게 된 경우이다. 세 나라가 여기에 속한다. 벨로루시(핵탄두 81발),

2013년 11월 스위스 제네바에서 미국, 영국, 프랑스, 독일, 유럽연합(EU), 러시아, 중국, 이란의 외무장관들이 모여 이란 핵에 대한 협상을 하고 있다.

카자흐스탄(1400발), 그리고 우크라이나(약 5000발)이다. 이 중 우크라이나는 소련이 남긴 핵무기로 인해 독립 직후에는 세계 3위의 핵보유국이 됐다. 세 나라에서도 잠시나마 이 핵무기들을 계속 유지하자는 주장도 있었다. 하지만 결국 독립 직후의 경제난이나 국제사회의 일원으로 빠르게 인정받아야 한다는 절박한 필요로 인해 핵무기들을 모두 러시아로 옮기거나 폐기 처분하기로 했다.

특히 우크라이나는 역사적으로 러시아의 침략을 두려워한 만큼 핵무기를 국가 안보를 보장하는 수단으로 유지해야 한다는 주장이 제법 힘을 얻었다. 이 때문에 1994년 12월 5일에는 미국과 러시아, 영국이 서명하는 부다페스트 의정서가 서명되어 이 나라들이 우크라이나의 안전과 영토를 보장하기로 약속한 바 있다. 여기에 핵폐기와 관련된 비용을 미국이 주로 지원하는 등의 경제 원조가 더해져 우크라이나는 모든 보유 핵무기를 폐기하는 비핵화를 이루게 됐다.

이처럼 남의 핵무기를 본의 아니게 떠안은 경우 아니면 핵무기를 완성까지 하고도 포기한 경우는 사실상 남아프리카공화국뿐이다. 인도와 파키스탄, 북한은 국제사회의 압력에도 핵무기를 직접 포기하지 않고 있다. 그 외에는 브라질이 핵개발을 시도한다는 의혹은 받고 있으나 아직 국제사회의 사찰 같은 의무를 유지하고 있다. 이라크는 1991년의 걸프전에서 패한 이후 국제사회의 사찰을 받던 도중에 마찰을 일으키고 사찰을 중단해 핵무기 개발 의혹을 받은 끝에 미국의 침공으로 정권이 몰락했다. 이란은 핵무기 개발을 진행하던 끝에 미국과의 합의로 비핵화에 도달하는가 했으나, 최근 트럼프 행정부의 이란 제재 재개를 계기로 다시 핵개발을 시작할 것으로 우려되고 있다.

우라늄 핵무기에 필요한 원심분리기는 몇 대?

그렇다면 일단 핵무기를 이미 가진 나라가 비핵화, 즉 핵무기와 핵무기 제조능력을 없애려면 먼저 무엇을 해야 할까. 이것을 알기 위해서는 먼저 핵무기를 만들려면 무엇이 필요한지부터 살펴봐야 한다. 일단 우라늄 광석이 있어야 한다. 어떤 종류의 핵무기, 즉 원자폭탄을 만들려면 우라늄이 있어야만 한다. 고농축 우라늄을 사용하는 우라늄 원자폭탄이야 말할 필요도 없고, 플루토늄을 사용하는 플루토늄 원자폭탄 역시 우라늄으로 만들어진 핵연료를 원자로에서 다 태우고 난 '사용후 핵연료'가 있어야 하기 때문이다. 결국 모든 것의 출발점은 우라늄 광석인 셈이다. 우라늄 광석을 입수하는 것부터 쉬운 일은 아니다. 국제 사회에서 거래는 되고 있지만, 당연히 그 거래가 국제기구들에 의해 면밀히 추적되고 있기 때문이다. 하지만 밀수 등의 수단이 없는 것은 아니며, 또 남아프리카공화국이나 북한처럼 자체 우라늄 광산이 있는 경우라면 이 부분은 전혀 문제가 아닐 것이다.

그다음으로 우라늄 광석은 잘게 부순 뒤 화학처리를 통해 노란 우라늄 분말을 만든다. 이것이 바로 '옐로 케이크(yellow cake)'라고 불리는 것이다. 이것을 녹여 정제하는 과정을 거쳐 만들어진 것이 흔히 말하는 핵연료, 즉 저농축 우라늄이다. 말 그대로 원자로의 연료로 사용한다. 하지만 그 상태에서는 원자로를 가동할 정도의 에너지는 나와도 핵무기에 쓰일 수 없다(따라서 원자로가 있다고 곧바로 핵무기가 되는 것도, 핵폭발이 일어나는 것도 아니다).

옐로 케이크가 핵무기에 쓰이려면 농축 작업이 필요하다. 이는 원자폭탄을 만드는 데 필요한 성분이 우라늄 전체가 아니라 극히 일부에 불과하기 때문이다. 우라늄에는 U-235, U-234, U-238 등의 여러 성분이 들어 있다. 핵연료로 사용하려면 경수로(일반 물을 이용해 식히는 원자로)에서도 U-235 성

우라늄 원광을 처리하면
만들어지는 옐로 케이크.

분이 3~5% 정도만 들어 있어도 되며, 중수로(일반 물보다 비중이 높은 중수를 이용해 식히는 원자로)의 경우 U-235 성분이 0.7%인 천연 우라늄 수준의 성분을 가진 핵연료를 사용한다. 하지만 원자폭탄을 만들려면 이런 핵연료 수준의 우라늄으로는 불가능하다. 고농축 우라늄, 즉 U-235의 성분이 무려 90% 이상을 차지하는 우라늄이 필요하며 이를 위해서는 우라늄 농축 작업이 추가로 필요하다. 우라늄을 농축하기 위해 가장 많이 쓰는 과정이 바로 원심분리법이다. 기화시킨 우라늄을 통에 넣은 뒤 빠르게 그 통을 돌리면 질량의 차이로 인해 더 가벼운 U-235 성분이 통 안쪽에 모인다. 이렇게 해서 U-235만을 모은 다음, 그것으로 핵무기에 사용되는 고농축 우라늄을 완성하는 것이다. 물론 이 작업은 많은 노력과 시설이 필요하다.

앞서 언급했지만 천연 우라늄에는 U-235가 겨우 0.72% 들어 있다. 즉 1t(톤)의 우라늄이 있어도 그 안에 핵무기를 만드는 데 필요한 성분은 겨우 7.2kg이 들어 있을 뿐이라는 이야기다. 히로시마에서 사용된 원자폭탄 '리틀 보이'가 64kg의 U-235를 사용했으니, 이걸 만들려면 9t 정도의 우라늄 광석이 있어야 한다는 얘기다. 말이 좋아 9t이지 이게 만만한 양이 아니다. 현재 경제성 있는 우라늄 매장량이 수백만t 정도에 불과하기 때문이다. 게다가 여기에서 U-235를 빼내는 작업도 그냥 1t

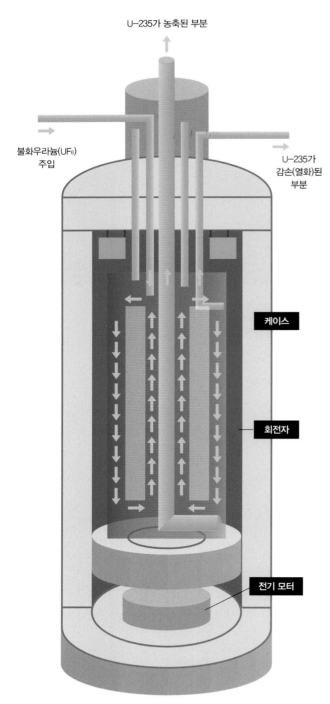

U-235가 농축된 부분

불화우라늄(UF₆)
주입

U-235가
감손(열화)된
부분

케이스

회전자

전기 모터

고농축 우라늄을 만드는 데 필요한 원심분리기의 단면.
원통에 기화된 우라늄을 넣고 빠르게 돌리면 가운데에
우라늄 235가 모여 이것을 따로 추출한다.

에서 7.2kg만큼 깎아 내면 되는 게 아니라 원심분리 과정을 거쳐야 하기 때문에 보통 일이 아니다. 물론 현대의 우라늄 원자폭탄은 히로시마 때처럼 64kg의 많은 우라늄(U-235)이 필요한 게 아니라 25kg 정도만 있으면 되지만, 그래도 여전히 만만찮은 양임에는 틀림없다.

우라늄을 농축하기 위한 원심분리기는 1분에 5만 번 이상 돌아야 하는데, 이 때문에 가벼우면서도 내구성이 높은 티타늄이나 두랄루민 합금 등으로 만들어져야 해 가격 자체도 비싸다. 또한 원심분리기를 1분에 5만 번씩 돌려야 하니 전기 사용량도 상당한 수준이 될 수밖에 없다. 게다가 이런 원심분리기가 한두 개, 아니 수십 개만 있어도 되는 일이 아니다. 보통 고농축 우라늄 25kg을 얻으려면 2m 길이의 원심분리기 2500개를 1년간 돌려야 하는 것으로 보고 있다. 이처럼 매우 거추장스러운 과정을 거치면서도 농축 우라늄을 사용하는 우라늄 원자폭탄을 만드는 이유는 이것이 기술적으로 성공 가능성이 매우 높고 폭탄의 구조도 단순하기 때문이다.

우라늄 원자폭탄은 보통 포신(barrel)형이라고 불리는 방식으로 만들어진다. 우라늄을 두 조각으로 만들어 원통형 용기 앞뒤에 배치한 뒤 그중 하나의 뒤에 폭약을 설치한다. 폭발시켜야 할 때에는 먼저 한쪽 우라늄 뒤에 설치된 폭약을 터뜨리면 우라늄 뭉치가 빠른 속도로 반대쪽의 우라늄 뭉치와 합쳐지고, 이를 통해 임계질량, 즉 핵분열 반응이 일어나는 질량까지 늘어나 핵폭발이 벌어진다. 포신형 우라늄 원자폭탄은 이처럼 단순하고 성공확률도 매우 높다. 실제로 히로시마에 투하한 미국의 리틀 보이는 과학자들이 핵실험조차 따로 안 할 정도로 성공을 자신하고 있었다. 또 원자로를 사용하지 않고도 원자폭탄 재료를 얻을 수 있기 때문에 농축용 원심분리기들의 존재만 감추고 있으면 상대적으로 강대국들의 눈초리에서 숨기 쉽다는 점도 무시할 수 없다. 물론 원심분리기가 수천 대나 필요하다는 점에서 보면 여전히 감추기 쉽지 않기는 마찬가지다. 사실 2002년에 미국이 북한 측을 제네바 합의를 위반한다고 비난한 것도 이처럼 대량의 원심분리기를 북한이 설치하고 가동한다는 사실을 완전히 감출 수 없었기에 가능했다(실제로 미국의 주장이 사실임이 드러나기도 했다). 또 과거의 이라크 역시 대량의 두랄루민 합금 원통을 수입하면서 이것이 핵무기를 만들기 위한 원심분리기의 재료 아니냐는 의혹을 사기도 했다. 결국 이것이 이라크가 핵개발을 멈추지 않았다는 미국 주장의 근거 중 하나로 작용하기도 했으나, 전쟁이 끝난 뒤에야 핵무기 개발 목적은 아니었다는 사실이 확인되기도 했다.

소형화한 플루토늄 핵무기와 핵연료 재처리시설

원자폭탄이 고농축 우라늄만으로 만들어지는 것은 아니다. 또 다른 원자폭탄이 바로 플루토늄 원자폭탄이다. 플루토늄 원자폭탄은 플루토늄, 좀 더 정확히는 Pu-239로 만들어진다. 플루토늄은 우라늄에서 그냥 추출할 수 있는 것이 아니다. 우라늄에 들어 있는 U-238 성분이 중성자와 반응해야 플루토늄이 만들어진다. 그리고 이를 위해서는 U-238이 주성분인 핵연료가 원자로에서 핵분열 반응을 일으켜야 한다. 간단하게 말해 원자로 안에서 '다 타버린' 핵연료(사용후 핵연료)를 꺼낸 뒤, 그것을 재처리하는 작업을 통해 그 안에서 플루토늄을 추출

고농축 우라늄을 추출하는 원심분리기들은 이렇게 많은
숫자가 모여야 충분한 양을 추출해 낼 수 있다.

해야 한다. 즉 원자로 없이는 플루토늄도 만들 수 없다. 플루토늄은 사용후 핵연료를 잘게 잘라내어 질산으로 녹인 다음, 타고 남은 다른 우라늄 성분과 플루토늄을 분리해 낸다. 이를 퓨렉스(PUREX) 방식이라고도 부른다. 퓨렉스는 플루토늄-우라늄 추출(Plutonium-Uranium Extraction)의 준말로, 현재 가장 많이 쓰이는 재처리 방식이며 플루토늄 추출 효율이 가장 좋은 방식이다. 사실 이것 말고도 2차 세계대전 중 미국에서 사용한 화학 추출법이 있지만, 플루토늄만 얻을 수 있는 데다 사용하는 화학물질의 양이 너무 많아 환경오염을 심하게 일으키는 등의 부작용도 생겨 지금은 쓰이지 않는다. 또 파이로프로세싱이라는 방식도 있다. 이는 사용후 핵연료를 산성 약품(질산)에 녹이는 퓨렉스 방식과 달리 전기를 사용하는 방식인데, 아직까지 초기 단계이다. 북한의 경우 여전히 퓨렉스 방식을 쓰는 것으로 알려졌다.

미국의 고농축 우라늄 추출 공장.
이처럼 대규모로 설비를 투자해야 한다.

　　문제는 우라늄도 우라늄이지만 플루토늄의 독성이 워낙 강하다는 것이다. 다행히 여기서 주로 나오는 방사선인 알파선은 독성은 강하지만 공기에서 몇cm만 날아가도 멈출 정도로 관통력이 약하므로, 소량의 플루토늄은 용기에 제대로 담겨만 있으면 큰 문제가 없다. 이 때문에 핫셀(hot cell, 완전히 격리된 공간에 로봇팔로 필요한 작업을 하는 곳)이나 글러브 박스(glove box, 딱 손이 들어갈 정도의 구멍만 뚫려 있고 이 구멍에 외부 공기를 차단하는 방식으로, 장갑이 달려 있어 딱 손만 장갑 안에 넣고 작업하는 상자) 같은 안전장치가 필수적이다. 플루토늄은 1g도 아니고 1μg, 즉 100만분의 1g이라는 지극히 적은 양도 몸 안에 들어가면 암을 일으킬 수 있을 정도로 독한 물질이기 때문이다.

　　사실 핵연료 재처리는 고준위 핵폐기물(쉽게 말해 독성이 강한 핵폐기물)의 양을 줄이는 목적이 아니면 경제성이 별로 없다. 우리나라도 핵연료 재처리를 시도하고는 있지만, 그 주목적은 플루토늄과 다른 우라늄 성분을 분리해 진짜 엄중한 관리가 필요한 고준위 핵폐기물의 양을 줄이려는 것이다. 플루토늄 자체를 핵연료로 사용하는 원자로는 프랑스와 일본만이 갖고 있다. 하지만 일본의 경우 대표적인 플루토늄 사

미국 뉴욕주 웨스트 밸리에 위치한 플루토늄 추출용 핵연료 재처리 공장. 현재는 폐쇄되어 있다.

용 원자로인 고속증식로를 결국 폐기하기로 결정할 만큼 경제성은 인정받지 못한 상태다. 쉽게 말해 사용후 핵연료가 많아 그걸 어떻게 처분할지가 골치 아픈 나라가 아니라면, 핵연료 재처리에 매달리는 나라는 결국 핵무기를 만들겠다는 나라일 확률이 매우 높다. 바로 북한이 대표적이다. 북한에 사용후 핵연료가 재처리를 필요로 할 만큼 많을 턱이 없으니 말이다.

이처럼 플루토늄은 추출하기 어렵고 까다롭지만, 그것을 이용해 폭탄을 만드는 것도 까다롭다. 플루토늄 원자폭탄은 내폭(implosion)이라는 방식의 폭탄으로 만들어진다. 일종의 작은 공 모양으로 만들어진 플루토늄 덩어리 주변을 특수하게 가공된 폭약으로 둥글게 둘러싼 뒤, 이 폭약들을 안쪽을 향해 폭발시키면 가운데의 플루토늄 덩어리가 빠른 속도로 압축되어 임계상태, 즉 핵분열 상태에 도달해 핵폭발을 일으키는 것이다. 문제는 이 내폭 방식이 만드는 데 상당한 기술과 노력이 필요하다는 것이다. 폭약의 양이나 형태, 배치 등을 어떻게 해야 하는지가 쉬운 일이 아니며, 우라늄 폭탄을 핵실험도 없이 완성한 미국도 플루토늄 폭탄만큼은 핵실험을 하고 나서야 실현 가능하다고 확신할 정도였다. 북한도 이 기폭장치를 수십 차례 테스트하고 재설계했다고 추측되고 있다. 이처럼 플루토늄 폭탄은 우라늄 폭탄에 비하면 엄청난 노력과 시간이 필요한 무기이다.

그렇다면 도대체 왜 이것을 만들까. 우라늄 폭탄보다 훨씬 효율적이기 때문이다. 지금과 달리 기술이 매우 원시적이기는 했지만, 포신형 우라늄 폭탄인 히로시마의 '리틀 보이'는 64kg의 우라늄 중 실제 핵반응을 일으키는 물질은 80% 정도인 51kg의 U-235였는데, 막상 실제로 핵분열 반응을 일으켜 핵폭발을 발생시킨 것은 그중 1% 정도에 불과한 것으로 알려졌다. 나머지는 아마도 단순히 흩어졌을 것으로 추정된다. 반면 내폭형 플루토늄 폭탄인 나가사키의 팻 맨은 겨우 6.2kg의 핵물질(그중 약 41%가 실제 플루토늄인 Pu-239)을 사용했으며 약 20%가 핵분열을 일으키는 데 성공했다. 실제로 나가사키 팻 맨의 핵폭발이 히로시마의 리틀 보이보다 더 강력했다. 그런데 폭발 지점의 지형이 달라, 즉 나가사키가 비교적 폭발력이 외부로 덜 퍼지는 지형이라 폭발 피해는 나가사키보다 히로시마 쪽이 더 심했다. 이처럼 원자폭탄을 개발하는 입장에서는 가능하면 우라늄 폭탄과 플루토늄 폭탄을 모두 손에 넣으려 한다. 특히 핵무기의 소형화를 원한다면, 플루토늄 폭탄은 선택이 아닌 필수가 될 것이다.

비핵화를 위한 핵사찰은 어떻게?

비핵화를 하기 위해서는, 즉 핵무기와 핵무기 제조능력을 포기하기 위해서는 당연히 핵사찰이 필요하다. 즉 사찰대상이 되는 나라가 얼마나 능력을 갖고 있는지, 그리고 그 능력을 진짜 포기하기 위해 애쓰고 있는지 감시할 필요가 있다. 일단 모든 것의 시작은 해당 국가의 신고다. 자기 나라에 어느 정도의 시설과 핵물질이 있고 얼마나 활동을 했는지 등의 내용을 자세하게 신고하는 것이다. 당연히 관할 국제기구, 즉 IAEA나 UN의 기타 관련 기구들은 이 신고 내용이 맞는지를 확인하기 위해 전문가와 시설을 파견하고, 필요하면 일부 샘플을 정밀한 분석이 가능한 시설이 있는 해외로 보내 검증하게 된다.

이것은 어디까지나 신고 내용을 그냥 믿을 때의 얘기다. 애당초 신고 내용을 100% 믿는다면 굳이 돈과 노력을 써가며 검증할 필요도 없고, 폐기 여부도 상대국에서 폐기했다고 신고한 것을 그냥 믿으면 된다. 문제는 아무런 검증절차 없이 그냥 사실대로 신고해 버릴 나라가 과연 있느냐는 것이다. 북한의 경우 비교적 생산량을 추측하기 쉬운 플루토늄은 좀 낫지만, 우라늄은 농축 시설이나 농축이 끝난 양이 실제 제대로 신고됐는지 믿기 힘들다는 의견이 많다. 이 때문에 관련 국제기구에서는 당연히 해당 국가의 신고 내용이 맞는지 사찰하는 것은 물론이고, 필요하다고 생각되면 해당 국가에서 신고는 안 했어도 핵개발에 관련됐다고 의심되는 시설이 나오면 어떻게든 사찰단을 파견해 조사하려 들게

미국 웨스트 밸리 재처리 공장 내의 광경. 핵연료 재처리 공장 역시 상당한 규모의 설비를 요구한다.

북한의 주요 핵시설 현황

- ☢ 우라늄농축·핵시설
- 🚃 우라늄 광산·저장고
- ⚡ 원자로·경수로
- ☢ 핵폐기물 저장소
- ⟳ 폭발 실험 시설
- ⚛ 대학·연구소
- ♻ 방사화학실험실 (재처리 시설)

나진
무산
영저리
국방대
혜산
풍계리
고려국방대
강계
위원
천마산
금창리
하갑
금호지구
영덕동
태천
철산
영변
함흥화학공업대
흥남
박천
순천
평성과학대
평양
김일성종합대
김책공업대
고려국제화학조인트벤처
해금강
평산
금천

북한은 핵개발 능력을 갖추기 위해 영변 핵과학연구센터를 비롯해 전국에 20곳 이상의 핵시설을 구축했다(비공식적으로는 100곳이라는 얘기도 있다). 대표적으로 5MW급 원자로, 우라늄 농축시설, 사용후 핵연료 재처리시설인 방사화학실험실이 있다.
© 핵위협방지기구(NTI)

IAEA 사찰단은 핵활동과 관련된 원소의 흔적을 발견하기 위해 금속의 성분을 분석하는 장비도 사용한다. 사진은 2002년 이라크 핵사찰 당시의 장비.
© IAEA

마련이다. 물론 문제가 되는 당사국에서는 이를 가급적 저지하고 싶을 것이고, 이 때문에 마찰이 일어나는 경우도 얼마든지 있다. 실제로 과거 이라크나 이란, 북한 모두 이런 마찰을 심하게 겪은 바 있다. 참고로 이런 핵사찰은 미국 같은 특정 국가가 직접 하지 않는다. 이란이나 북한의 경우 미국은 적대국으로 분류하므로 만약 미국이 직접 사찰단을 편성해 사찰에 나선다면 핵무기와 직접 관련 없는 자기 나라의 군사기밀 등도 마음대로 빼가는 것 아니냐는 의혹을 살 수 있다. 따라서 IAEA 같은 중립적인 국제기구에서 사찰을 주도하는 것이다. 이들은 단순히 여러 나라가 모인 국제기구이기 때문만이 아니라 과학자들이 중심으로 이뤄져 있기 때문에 정치적인 편향성에서는 그나마 특정 국가의 기구에 비하면 낮다고 평가되고 있다. 단지 중립성만이 중요한 것이 아니다. IAEA 등의 핵관련 국제기구는 이런 관련 노하우가 60년에 달하는 노련한 기구이고 핵사찰 관련 전문가와 시설을 그 어느 나라의 어떤 기관보다 제대로 갖추고 있다고 자부하고 있다. 즉 정치적으로는 중립일지 몰라도 의심되는 나라에서 거짓말을 할 경우 그 어떤 기관보다 정확히 그것을 꿰뚫어 볼 혜안을 갖춘 곳도 국제기구라는 얘기다.

사찰단을 보내면 그들이 사찰 활동을 끝내고 그냥 돌아오는 것이 아니다. 아예 사찰 인원들을 계속 그 나라에 머무르게 하고, 의심되는 시설들에는 감시용 시설을 설치한다. 문자 그대로 계속 들여다볼 CCTV를 설치하고, CCTV 카메라 등의 시설에는 봉인해서 마음대로 움직이거나 조작하는지를 쉽게 알 수 있다. 또 시설에 특별한 이상이 감지되지 않았더라도 사찰 인원들이 불시에 원하는 곳을 방문해 점검하고 필요하면 방사능 검사 등의 실험을 할 수 있게 한다. 국제기구의 사찰을 받아들인다는 것은 단순히 한 번 지나가는 사찰이 아니라 이처럼 아예 사람과 시설이 머무르면서 핵관련 시설을 볼 수 있게 한다는 뜻이다.

우리나라만 해도 원자력 발전소 등의 주요 시설들에는 IAEA가 설치한 CCTV가 있다. 북한에도 과거에 CCTV가 있었지만, 북한은 CCTV의 방향을 돌려놓는 식으로 누가 봐도 분명한 방해 행동을 한 것이 문제가 됐다. 참고로 우리나라는 0.2g의 우라늄을 분리하는 연구도 문제가 되면서 IAEA의 간섭을 꽤 심하게 받은 편이지만, 2008년에는 '핵투명국가', 즉 핵관련 활동을 투명하게 공개하는 국가로 분류되면서 IAEA의 검사 횟수가 연 104회에서 36회로 66% 감소한 바 있다. 사람이나 감시 장치가 꼭 해당 국가에 들어가 있어야만 하는 것은 아니다. 인공위성으로도 무시하지 못할 수준까지 정보를 얻어낼 수 있다. 또 핵실험도 지진계 등의 장비로 멀리 떨어진 곳에서 그 사실을 알아낼 수 있으며, 비행기를 이용해 고공에서 방사능을 채취하는 등의 간접적 방법도 쓰인다. 하지만 아직까지 가장 신뢰할 만한 사찰 방법은 사람들이 장비를 가지고 해당 국가에 들어가 의심되는 시설을 직접 관찰하는 것이다. 핵사찰이 끝나고 신고한 내용과 실제 내용이 큰 차이가 없는 것이 확인돼도 그것으로 끝나는 것은 아니다. 민간용으로도 사용할 수 있는 시설은 IAEA

IAEA 사찰단은 핵시설을 원격으로 모니터링하는 데 CCTV 카메라를 활용한다. 2002년 이라크 핵시설을 촬영할 때는 비디오카메라를 이용했다. 사진은 당시 분석용 이미지를 저장하는 데 사용한 서버.

의 감독하에 민간용으로 용도를 바꾸고, 그곳에 일하는 인원들도 다른 직업을 알선하거나 해당 시설에서 민간 업무를 수행하게 해야 한다. 만약 민간용으로 바꿀 수 없는 시설이면 해당 시설은 파괴해야 한다. 가장 중요한 것이 이미 만들어진 핵무기이다. 핵무기의 경우 미국이 가장 선호하는 방식은 미국이나 다른 나라로 가져가 국제기구의 감독하에 폐기하는 것이다. 문제는 북한이 이 방식도 벌써부터 반발하고 있다는 것이다.

실현 가능성과 소요시간은?

북한의 비핵화는 역사적으로 가장 어려운 비핵화가 될 전망이다. 북한은 우라늄 핵무기와 플루토늄 핵무기를 개발했고 핵실험도 알려진 것만 6차례나 실시했다. 핵무기 개발 능력이 과거에 핵무기를 개발했거나 그 과정을 밟다가 포기한 여느 국가보다 훨씬 높다. 핵시설도 영변 핵과학연구센터를 비롯해 전국에 20곳이 넘는 것으로 알려져 있다. 특히 영변에 고농축 우라늄 제조시설이 공개돼 있고, 5MW급 원자로와 사용후 핵연료 재처리시설(방사화학실험실)로 플루토늄을 생산해 왔다. 대륙간탄도미사일(ICBM)처럼 핵무기를 탑재할 수 있는 미사일도 1000발 정도 보유한 것으로 추정된다.

일단 북한의 핵폐기 의지가 있는지는 아직까지 상당히 미지수다. 풍계리 핵실험장 갱도가 폭파는 됐지만, 사실 이곳은 북한이 다시 핵실험을 재개하고 싶다면 길어야 1년, 짧으면 수개월 안에 다시 뚫을 수 있을 것으로 추정된다. 게다가 이미 여러 차례 핵실험을 한 다음이기 때문에 어차피 또 핵실험을 할 필요가 없다는 의견도 만만치 않다. 미사일 발사대나 엔진 시험장 역시 북한의 미사일 대부분이 이동식 발사대에서 운용되는 데다 미사일 엔진도 이미 상당 부분 테스트가 진행된 다음이라 지금 해체해도 북한의 미사일 능력에 눈에 띄는 타격은 없으리라는 것이 전문가들의 의견이다. 결국 앞으로 북한이 어느 정도나 국제사회

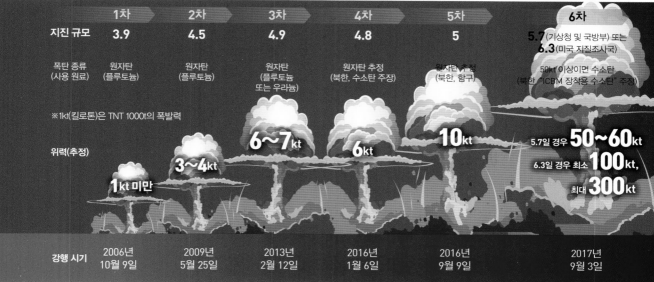

	1차	2차	3차	4차	5차	6차
지진 규모	3.9	4.5	4.9	4.8	5	5.7(기상청 및 국방부) 또는 6.3(미국 지질조사국)
폭탄 종류 (사용 원료)	원자탄 (플루토늄)	원자탄 (플루토늄)	원자탄 (플루토늄 또는 우라늄)	원자탄 추정 (북한, 수소탄 주장)	원자탄 추정 (북한, 함구)	50kt 이상이면 수소탄 (북한, "ICBM 장착용 수소탄" 주장)
위력(추정)	1kt 미만	3~4kt	6~7kt	6kt	10kt	5.7일 경우 50~60kt 6.3일 경우 최소 100kt, 최대 300kt
강행 시기	2006년 10월 9일	2009년 5월 25일	2013년 2월 12일	2016년 1월 6일	2016년 9월 9일	2017년 9월 3일

※1kt(킬로톤)은 TNT 1000t의 폭발력

의 사찰과 비핵화 조치에 협력하느냐가 관건이다. 아마도 미국은 가장 관심 있어 하는 농축우라늄과 플루토늄의 생산량을 직접 검증하려 할 것이고, 그다음 검증은 IAEA에 맡길 것이다. 이런 과정은 북한이 잘 협조해야 2~3년 걸릴 것이다. 하지만 그 과정이 언제 시작할지는 아직도 미지수인 실정이다.

그렇다면 우리나라가 이 비핵화 사찰 과정에서 해야 할 일은 무엇일까. 실은 이 문제도 풀기 쉽지 않다. 우리나라가 어느 정도나 참가하는 것이 옳을지 쉽게 결정되기 어렵기 때문이다. 특히 핵무기 제조와 직접 관련된 과정의 사찰에는 원칙적으로 배제될 것으로 추정된다. 비핵화의 또 다른 중요한 목적이 '핵무기 제조 기술의 이전 방지'인 만큼, 국제사회에서 우리나라가 이 기술을 사찰과정에서 습득할 가능성을 원천적으로 배제하자고 할 것이 분명하기 때문이다.

여하튼 비핵화 과정은 아직도 정해지지 않은 부분이 너무나 많은, 백지와도 같은 상태이다. 과연 어떻게 진행될지는 앞으로 지켜봐야 정확히 알 수 있을 것이다.

북한은 6차례에 걸쳐 다양한 종류의 핵실험을 강행해 왔다. 한반도의 평화를 위해서는 북한이 이런 핵활동의 흔적을 없애는 일이 우선이다.

풍계리 핵실험장

2

라돈 침대와
방사선

86
Rn
radon
222.017

목정민

서울대에서 생물교육학을 공부하고,
KAIST 과학저널리즘대학원에서 석사 학위
를 받았다. 과학기자들이 불확실성이 높은
상황에서 어떻게 취재를 하고 기사를 작성
하는가에 대한 연구로 한국언론학회지에
논문을 발표했다. 과학교양지 《과학동아》
에서 2006년 기자 생활을 시작했다. 현재
경향신문사에서 과학담당기자로 있으면서
국내외 과학 이슈를 발굴하고 독자들에게
과학의 맥을 짚어주는 데 보람과 재미를
느끼고 있다.

방사선 피폭, 어느 정도까지 괜찮을까?

라돈이 검출돼 수거된 ㄱ침대 매트리스가 보관돼 있는 현장 모습. YTN 뉴스 화면 캡처.
ⓒ YTN

2018년 5월 국내 한 방송사는 국내 D업체에서 제작한 매트리스에서 방사성물질인 라돈[1]이 검출됐다는 뉴스를 보도했다. 라돈은 자연에 존재하는 방사성물질이지만 발암물질이기도 하다. 편히 누워 잠을 자고 휴식을 취하는 공간인 침대 매트리스에서 발암 물질이 방출됐다는 소식은 사용자들을 경악하게 만들었다.

매트리스에서 방사성물질이 검출된 이유는 무엇이었을까. 라돈이라는 다소 생소한 물질이 우리 사회 깊숙이 들어온 이 시점에서, 우리는 이 사건을 계기로 어떻게 바뀌어야 할까. 라돈 침대 사건을 계기로 라돈

---

1 라돈(radon, Rn): 원자번호 86번의 방사성 원소다. 색과 냄새, 맛이 없어 대기 중에 라돈이 포함돼 있는지 육안으로는 확인할 수 없다. 공기보다 8배 무거우며 암석이나 토양 등에 함유돼 있다. 라돈이 함유된 암석이나 토양이 재료로 사용된 건물 내부에서 라돈이 검출될 수 있다.

의 특징, 위험성과 관리 방법에 대해 알아보자.

내 침대에 발암물질이?

문제가 된 매트리스는 음이온이 나와 건강을 증진시킨다는 광고를 하던 상품이었다. 매트리스에서 음이온이 나와 건강에 이로운 효과를 준다고 광고를 했지만, 사실 음이온의 효과는 아직 과학적으로 검증되지 않았다. 침대 제조사인 D업체는 음이온을 방출하기 위해 매트리스 속 커버 원단 안쪽과 스펀지 등에 모나자이트라는 광물 가루를 코팅했는데, 그만 여기서 방사성물질이 나오게 된 것이다. 소비자 입장에서는 건강해지려고 음이온이 나온다는 매트리스를 비싼 값을 주고 샀다가 오히려 방사선을 쐬게 된 셈이다.

보도 이후 방사선 안전관리 업무를 담당하는 원자력안전위원회(원안위)가 즉각 조사에 돌입했다. 1차 발표에서 라돈 침대가 방출하는 방사선량이 안전기준 이하라고 발표했다. 그러나 2차 발표에서는 기존 발표를 뒤집고 라돈 방출량이 기준치 이상이라고 수정했다. 수거명령도 내렸다. 혼선이 빚어진 데 대해 원안위 측은 1차 발표 때 모나자이트 광물가루에 포함된 또 다른 방사성물질인 '토론'을 고려하지 않았고 매트리스 내부 스펀지까지 분석하지 않았기 때문이라고 해명했다.

침대 매트리스에 사용된 모나자이트 광물에는 우라늄과 토륨이 약 1 대 10의 비율로 들어 있다. 우라늄은 붕괴되면서 라돈을 방출하고, 토륨은 이 과정에서 토론을 방출한다. 추가 조사에서 라돈뿐 아니라 토론이라는 방사성물질이 발견되면서 기준치에 비해 최대 9배에 달하는 방사선이 방출되고 있었다는 사실이 드러났다. 이 양은 연간 X선 촬영을 100번 정도 했을 때 피폭되는 방사선량에 해당한다. 라돈이든 토론이든 소비자가 매트리스를 사용하면서 기준치 이상의 방사선에 노출된 점이 명확해진 것이다.

원안위의 최종 조사결과 라돈과 토론을 방출하는 매트리스 총 7개

침대 매트리스에서 라돈 및 토륨의 검출

연번	모델명	측정 농도(Bq/m³) ※ 배경준위 제외		피폭선량(mSv/년)		
		라돈(Rn-222)	토론(Rn-220)	라돈(Rn-222)	토론(Rn-220)	라돈+토론
1	ㄱ	35.13	1364.45	0.39	8.96	9.35
2	ㄴ1	61.54	1218.18	0.69	8.00	8.69
3	ㄴ2	68.08	1041.01	0.76	6.84	7.60
4	ㅁ	−	677.69	−	4.45	4.45
5	ㅂ	12.18	220.32	0.14	1.45	1.59
6	ㅇ	1.08	294.52	0.01	1.93	1.94
7	ㄴ3	14.18	308.16	0.16	2.02	2.18

※ 하루에 10시간 동안 침대 매트리스로부터 2cm 높이에서 엎드려 호흡한다고 가정.
ⓒ 원자력안전위원회

가 추려졌다. 정부는 즉각 매트리스 수거 작업에 들어갔다. 우체국 택배를 이용해 매트리스를 충청남도 당진항에 보관했다. 원안위 측은 수집 작업이 지연돼 매트리스를 가정 내에 보관해야 하는 경우에는 비닐로 매트리스를 싸서 임시 보관해 줄 것을 권고했다. 라돈과 토론의 경우 비닐로 싸면 방사선의 영향이 급감하는 것으로 보고되고 있다.

라돈 파동은 타사의 매트리스뿐 아니라 베개 등 다른 생활용품까지 번졌다. 원안위는 2018년 7월 국내 C사의 매트리스에서 라돈 수치가 권고수준 이상 검출돼 자진 회수 조치를 내렸다. 2018년 9월에는 시중에서 판매 중인 ㄱ베개, ㅇ매트리스 등이 생활주변방사선 안전관리법이 정한 가공제품 안전기준인 연간 1mSv(밀리시버트)를 초과해 해당 업체에 수거를 명령하는 행정조치를 실시했다고 밝혔다. 시버트는 인체 등 생물체가 받는 방사선량을 나타내는 측정 단위인데, 예를 들어 병원에서 1회 X선 촬영을 할 때 약 0.1~0.3mSv의 방사선량을 받는다. 특히 ㄱ베개는 2011년부터 2013년까지 2만 9000여 개가 판매될 정도의 인기상품이어서 소비자들의 충격 또한 컸다.

다양한 연구 자료를 보면 침대나 베개뿐 아니라 실내공사에 사용되는 석고 등의 건축자재에서도 라돈이 기준치 이상 방출된다. 건축자재의 원료가 되는 암석에 포함돼 있는 우라늄 등이 방사성붕괴를 하면서 라돈을 방출하는 것이다. 우라늄과 라돈이 포함된 건축자재가 사용된 집에 거주하는 사람의 경우에는 지속적으로 라돈에 노출될 우려가 있지만, 건축자재 내 라돈 관리 제도는 아직 허술하기만 한 실정이다.

라돈이라는 생소한 이름의 물질은 '라돈 침대'로 인한 일련의 사건으로 한국 사회에서 인식이 높아졌다. 뜻하지 않게 라돈에 노출된 소비자들은 건강에 좋지 않은 영향을 받을 수 있다는 안타까운 상황이 벌어졌지만, 다른 한편으로는 한국 사회가 라돈에 대해 인식을 높이고 주의를 기울일 수 있으며 관리를 한층 강화할 수 있는 전기를 마련했다는 평가도 나왔다.

'침묵의 살인자'

라돈(radon, Rn)은 지구 지각을 구성하는 암석이나 토양에 들어 있는 자연방사성물질로, 기체상태로 존재한다. 균열된 땅에서 대기 중으로 방출되는데, 환기가 잘 안 되는 건물 내부에는 외부 대기보다 더 축적될 수 있다. 하지만 색, 냄새가 없어 육안으로는 확인하기 어렵다.

라돈 매트리스, 라돈 베개, 라돈 석고건축자재, 라돈 생리대 등의 사건을 돌이켜보면, 라돈이 위험한 물질이지만 눈에 보이지 않아 관심을 기울이지 않았기 때문에 사용자의 건강이 오랜 기간 위험에 노출됐던 것이다. 이 때문에 라돈은 눈에 보이지는 않는 위해물질이라는 의미에서 '침묵의 살인자'라는 별명을 얻었다.

모나자이트 광물(왼쪽)과 파우더(오른쪽).

라돈 생성 과정

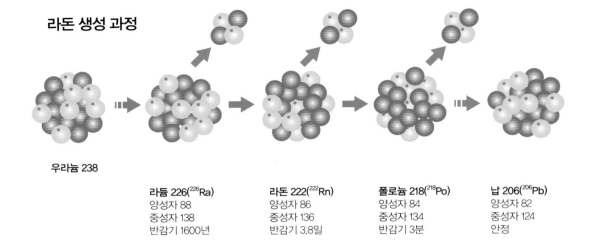

우라늄 238

라듐 226(^{226}Ra)
양성자 88
중성자 138
반감기 1600년

라돈 222(^{222}Rn)
양성자 86
중성자 136
반감기 3.8일

폴로늄 218(^{218}Po)
양성자 84
중성자 134
반감기 3분

납 206(^{206}Pb)
양성자 82
중성자 124
안정

우라늄이 차례로 방사성
붕괴를 일으켜 라듐을 거쳐
라돈이 된다. 이후 라돈은
폴로늄을 거쳐 납이 된다.

ⓒ 보건복지부 · 대한의학회

라돈은 암석이나 토양에 있는 우라늄(U−238)이 연쇄적으로 방사성 붕괴를 일으키는 과정에서 발생한다. 방사성 붕괴는 불안정한 상태의 원자핵이 입자나 방사선을 방출하고 안정한 상태의 다른 원자핵으로 전환하는 과정이다. 불안정한 우라늄 238은 차례대로 라듐 226, 라돈 222, 폴로늄 218을 거쳐 안정한 상태의 납 206으로 변한다. 각 과정에서 알파선, 베타선, 감마선이 방출된다. 라돈은 라듐이라는 어미핵종(parent nuclide)이 붕괴해 만드는 딸핵종(daughter nuclide)이면서, 폴로늄과 납을 만드는 어미핵종이기도 하다. 라돈의 어미핵종인 라듐은 한반도 기반암의 대부분을 차지하고 있는 화강암에 특히 많이 들어 있다. 화강암 이외에도 석회석, 흙 등 다양한 암석에 소량 포함돼 있다. 일반적으로 사용되는 건축자재인 콘크리트, 벽돌, 고타일 등에도 20~100Bq/kg 정도로 많은 양의 라돈이 함유돼 있다는 보고가 있다. Bq(베크렐)는 방사선의 양을 나타내는 단위로 1초에 원자 1개가 방사성 붕괴 과정을 거치며 내놓는 방사선량을 말한다.

라돈이 내놓은 라돈 기체는 방사성 붕괴에 의해 원자 수가 원래의

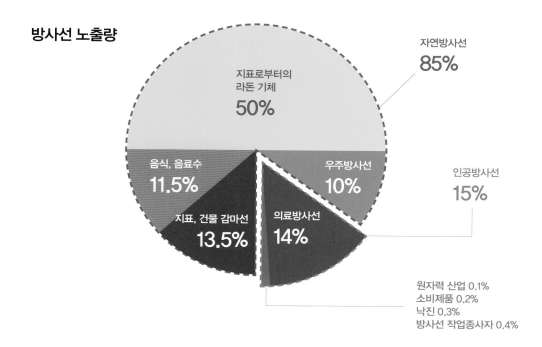

방사선 노출량

지표로부터의
라돈 기체
50%

자연방사선
85%

음식, 음료수
11.5%

우주방사선
10%

지표, 건물 감마선
13.5%

의료방사선
14%

인공방사선
15%

원자력 산업 0.1%
소비제품 0.2%
낙진 0.3%
방사선 작업종사자 0.4%

반으로 줄어들기까지(반감기[2]) 3.82일이 걸린다. 방사성동위원소 중에서는 반감기가 상당히 긴 편이다. 라돈 기체는 공기의 흐름이 원활한 실외에서는 농도가 낮은 편이다. 반면 환기가 잘되지 않는 건물 내부, 지하실 등에서는 벽이나 건물 바닥의 갈라진 틈으로 라돈 기체가 유입돼 공기 중에 축적되기 쉽다.

인간이 환경으로부터 노출되는 방사선량 중 라돈의 양은 꽤 높은 편이다. 보건복지부와 대한의학회에 따르면, 인간이 방사선에 노출되는 비율은 X선 촬영 등 인공방사선이 15%, 라돈이나 우주방사선 등 자연방사선이 85%로 추산된다. 자연방사선 가운데 단일 피폭원으로 라돈이 가장 큰 비율을 차지한다. 한 사람당 노출되는 연간 자연방사선 피폭량은 약 2.4mSv인데, 이 중 절반 이상이 라돈으로 인한 피폭(1.3mSv)이다. 우주방사선이 0.36mSv, 음식이 0.33mSv, 토양과 암석이 0.41mSv인 것과 비교해도 상당히 높다.

사람에게 노출되는 방사선의 85%는 자연방사선이고 나머지 15%가 인공방사선이다. 특히 방사선 전체 노출량 중 50%가 지표로부터 나온 라돈 기체에 의한 것이다.
ⓒ 보건복지부 · 대한의학회

---

2 반감기(half life, 半減期): 어떤 특정 방사성 핵종의 원자 수가 방사성 붕괴에 의해서, 원래 수의 반으로 줄어드는 데 걸리는 시간.

주택에서 지하철, 지하수까지 라돈 검출

우리 주변의 라돈 농도는 실제 어느 정도일까. 환경부에서 2007년 실내라돈관리종합대책을 수립한 뒤 이듬해부터 2년 주기로 주택, 공동주택, 다중이용시설의 실내 공기 중 라돈 농도를 측정하고 있다. 실제 측정 및 분석은 환경부 산하기관인 국립환경과학원이 맡고 있다.

환기를 잘하지 않는 겨울철에 실내 라돈 농도가 높고 토양과 실내의 온도 차이가 크기 때문에 조사는 주로 겨울철에 이뤄진다. 국립환경과학원이 2015~2016년 전국 17개 시·도 소재 주택 7940호의 라돈 농도를 조사한 결과, 전국 평균은 95.4Bq/m³로 주택의 라돈 권고기준치 200Bq/m³보다 낮았다. 그런데 조사대상 주택의 9.3%에서 라돈 농도가 기준치를 웃돌아 라돈을 저감하기 위한 조치가 필요한 것으로 분석됐다. 특히 강원도의 경우 주택 라돈 농도 평균치가 149.7Bq/m³로 당시 기준(200Bq/m³)을 넘지는 않았지만 미국 기준인 148Bq/m³은 넘어섰던 것으로 조사됐다. 강원도 지역의 라돈 농도가 높은 이유는 이 지역에 옥천층, 화강암반 지질대가 넓게 분포하기 때문이다.

사람들이 자주 이용하는 지하철 역사에서도 라돈이 기준치 이상 검출됐다. 2015년 9월 당시 국회 환경노동위원회 소속 장하나 의원이 공개한 자료를 보면 서울시 내 지하철 역사 5곳 중 1곳에서 공기 중 라돈 농도가 다중이용시설 권고기준(148Bq/m³)을 초과했다. 장 의원은 1~4호선을 운영하는 서울메트로와 5~8호선을 운영하는 서울도시철도공사로부터 제출받은 자료를 분석했는데, 298개역 중 57곳의 공기 중 라돈 농도가 권고기준 이상이었다. 서울 지하철 역사의 라돈 농도가 공개된 것은 당시 처음이었던 데다 서울 시민이라면 누구나 이용하는 대중적인 시설에서 권고기준 이상의 라돈이 검출됐기 때문에 논란이 일었다. 이 외에도 길음역 배수펌프장에서는 기준치의 20배 이상인 3029Bq/m³의 라돈이 확인됐다. 군자역의 배수펌프장에서도 기준치의 8배 이상에 달하는 라돈이 검출됐다.

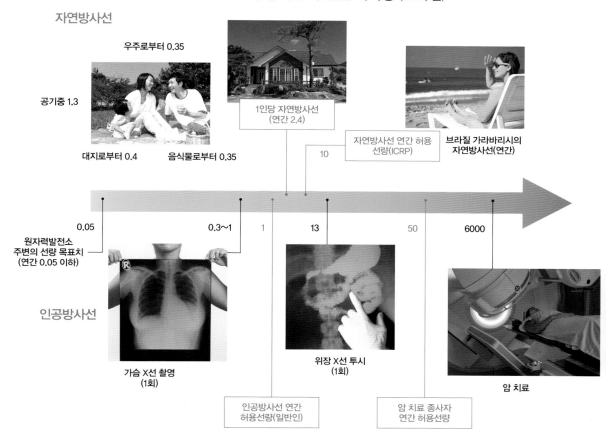

자연방사선과 인공방사선의 연간 피폭량 (mSv/년)

자연방사선

우주로부터 0.35

공기중 1.3

1인당 자연방사선
(연간 2.4)

자연방사선 연간 허용
선량(ICRP)

브라질 가라바리시의
자연방사선(연간)

대지로부터 0.4   음식물로부터 0.35

10

0.05   0.3~1   1   13   50   6000

원자력발전소
주변의 선량 목표치
(연간 0.05 이하)

인공방사선

가슴 X선 촬영
(1회)

위장 X선 투시
(1회)

암 치료

인공방사선 연간
허용선량(일반인)

암 치료 종사자
연간 허용선량

지하수에서도 라돈이 발견된다. 라돈이 물에 녹기 때문인데, 지하수가 화강암처럼 라돈이 포함된 암반층을 통과하면서 라돈이 녹아든다. 한국기초과학지원연구원, 지질자원연구원 등은 2015년 대한지질학회 학술대회에서 전국의 3839개 지하수 시료를 분석했는데 742곳에서 라돈의 기준치가 넘었다고 밝혔다. 기준치를 넘긴 지역은 충청 34%, 경기 33%, 전라 16%, 강원 11%, 경상 6% 순서였다. 제주도는 기준치를 넘어선 곳이 없었다.

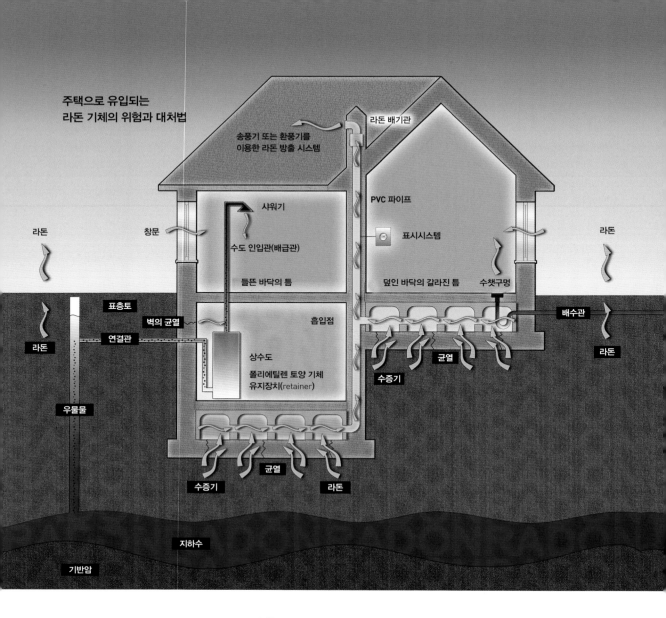

주택으로 유입되는
라돈 기체의 위험과 대처법

송풍기 또는 환풍기를
이용한 라돈 방출 시스템

라돈 배기관

PVC 파이프

샤워기

표시시스템

창문

라돈

수도 인입관(배급관)

들뜬 바닥의 틈

덮인 바닥의 갈라진 틈

수챗구멍

라돈

표층토

벽의 균열

흡입점

배수관

연결관

라돈

라돈

상수도

폴리에틸렌 토양 기체
유지장치(retainer)

수증기

균열

라돈

우물물

수증기

균열

라돈

지하수

기반암

토론 방출 사실도 밝혀져

이번 라돈 침대 사건에서는 라돈 외에 방사성물질인 토론도 검출
됐다. 전문가들은 이번 라돈 침대 사건을 유발한 핵심 물질은 라돈이라
기보다는 토론이라고 말하기도 한다. 토론은 라돈과 같은 원자기호를
쓰지만 다른 물질이다. 라돈은 Rn-222이고 토론은 Rn-220이다. 토론
은 Tn이라고 쓰기도 한다. 라돈 침대 매트리스에 사용된 모나자이트 광
물 가루에는 우라늄과 토륨이 약 1 대 10의 비율로 들어 있어 양으로 보

면 우라늄에서 방출되는 라돈보다 토륨에서 방출되는 토론의 양이 많다. 라돈은 반감기가 3.8일인데, 토론은 55.6초로 아주 짧다. 양이 줄어드는 데 채 1분이 걸리지 않고 이동거리도 수십cm 이내로 짧은 편이기 때문에, 토론은 보통 땅의 암석에서 집 안으로 들어오기 어렵다. 집 안으로 들어오기 전에 그 양이 상당수 줄어들기 때문이다. 이 때문에 정부는 반감기가 3.8일로 비교적 긴 라돈만 실내 공기질 관리 대상으로 포함시켜 왔다. 토론은 연구도 라돈에 비해 비교적 덜 된 물질이다.

그런데 침대 매트리스에서 토론이 방출되면 수초 내에 매트리스에 누워 휴식을 취하는 사람의 폐 속으로 들어가게 된다. 반감기가 아무리 짧아도 소용이 없는 것이다. 한국원자력안전기술원의 자료에 따르면, 매트리스로부터의 이격거리가 10cm 정도 떨어지면 토론의 양은 20%대로 떨어진다. 20cm 떨어지면 10% 정도로 적어진다. 원안위 조사 결과 D사의 매트리스 7개는 기준치의 최대 9배에 달하는 방사선이 검출됐다. 피폭선량이 가장 많았던 매트리스의 경우 피폭량은 총 9.35mSv였는데, 라돈이 0.39mSv, 토론이 8.96mSv였다. 라돈보다 토론이 더 큰 영향을 준 것이다. 대부분의 매트리스에서 라돈의 방사선량보다 토론의 방사선량이 더욱 높았다.

폐암의 두 번째 원인, 라돈

라돈은 주로 암반의 균열을 통해 공기 중에 나온다. 라돈이 함유된 토양이나 바위가 건축 자재로 사용됐다면, 건물 틈을 통해 건물 내부로 라돈이 방출된다. 벽돌 사이 틈이나 배수관 사이 틈처럼 미세한 틈만 있어도 라돈 기체가 새어나올 수 있기 때문에 거주자가 인식하지 못하는 사이에 실내 공기 중으로 스며든 라돈을 들이마실 수 있다. 환기가 잘되지 않는 건물의 실내나 지하실의 경우에는 라돈의 양이 늘어날 수 있어 주의해야 한다. 라돈은 환기만 제대로 되면 외부 공기로 퍼져나가 희석되기 때문에 건강에 큰 영향이 없다. 그런데 환기가 잘되지 않는 실

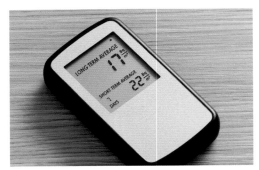

디지털 라돈 측정기(위)와 집 안의 라돈 기체를 측정하는 '라돈 테스트 키트(아래)'.

내라면 라돈이 축적돼 라돈 농도가 기준치 이상으로 증가할 수 있다.

라돈은 기체 상태이기 때문에 외부피폭뿐 아니라 내부피폭의 위험도 있다. 방사선으로 인한 인체 영향은 외부피폭과 내부피폭으로 나뉘는데, 기체인 라돈은 호흡 과정에서 체내의 폐 속에 흡입된다. 라돈 기체는 대부분 붕괴되기 전에 체외로 배출되지만 일부는 체내에 남는다. 이렇게 흡입된 라돈의 딸핵종이 기관지나 폐포에 침착한다. 알파선 같은 방사선을 계속 방출하므로 세포 중의 염색체에 돌연변이를 일으키고 이것이 추후에 폐암으로 발전할 수 있다. 라돈은 방사성 기체로 과다 흡입할 경우 암에 걸려 사망에 이를 수 있어 철저한 관리가 필요하다. 우리나라에도 실제 라돈 흡입으로 폐암에 걸려 사망한 사례가 있다. 2015년 고용보험은 라돈 흡입으로 폐암에 걸린 사례를 보고했다. 이는 한국 정부가 라돈으로 인한 폐암 유발을 인정한 최초 사례다. 서울의 지하철 시설 관리를 10년 이상 담당해 온 노동자 ㄱ씨의 일터는 라돈 농도가 기준치의 최대 10배에 달했던 것으로 조사됐다. 배수펌프장은 물론 터널 곳곳에서 라돈 농도가 기준치를 넘었다. 환기가 잘되지 않았지만 ㄱ씨는 마스크에만 의지해 작업을 하는 식으로 작업 환경 관리가 허술했고 이 때문에 폐암에 걸려 사망에 이른 것으로 보인다.

자연방사선으로 인한 피폭량은 원자력발전소 폭발 같은 방사선사고 발생 시에 피폭되는 양에 비하면 적을 수 있다. 그러나 그렇다고 자연방사성물질이 인체에 해가 없거나 안전하다고 볼 수는 없다. 자연방사성물질은 특성상 적은 양이어도 오랜 기간 노출되기 때문에 인체에 영향을 끼친다. 이 때문에 침대 매트리스에서 검출된 라돈도 사고 발생 시에 노출되는 고농도는 아니지만 충분히 인체에 위험요소가 될 수 있다. 라돈은 미량이라도 지속적으로 노출되면 폐암에 걸릴 확률이 높아진다. 국내에서는 아직까지 일상생활에서 미량의 라돈을 흡입해 폐암에 걸렸다는 사실이 입증됐다는 보고는 없다. 라돈에 의한 흡입으로 폐암

에 걸렸다는 인과성이 입증돼야 하는 데다가
아직 라돈에 대한 인식이 부족해 폐암 유발 사
례로 인정받기는 어려운 실정이기 때문이다.
다수의 환경성 질환들이 입증과정에서 어려
움을 겪는다.

국제기구는 이미 라돈을 폐암 유발 확률
을 높이는 발암물질로 규정하고 있다. 세계보
건기구(WHO)는 1986년 일반인 인구집단을
대상으로 한 방대한 연구를 통해 라돈을 폐암
을 유발하는 직접적인 원인 물질로 규정했다. 적은 양이어도 지속적으
로 흡입하면 폐암에 걸릴 가능성이 높아진다. 폐암의 첫 번째 원인은 흡
연이고, 두 번째 원인이 라돈이다. 이뿐 아니다. 국제암연구기구(IARC)
도 1988년 라돈을 1군 발암물질로 분류했다. 국제기구가 라돈과 폐암
의 연관성을 인정하게 된 데에는 1950년 광산에서 일하던 광부들을 대
상으로 한 라돈과 폐암과의 연관성 연구가 바탕이 됐다.

폐암을 일으키는 요인 중에서
라돈은 흡연에 이어 2번째로
높은 비중을 차지한다.

WHO의 연구에 따르면, 라돈이 전 세계 폐암 유발의 주요한 원인
으로 보인다. WHO는 2009년 라돈이 전 세계 폐암의 15%를 유발한다
는 분석 결과를 내놨다. 미국 환경청(EPA)은 2003년부터 얻은 자료를
바탕으로 미국에서 2만 1000명의 폐암 사망자가 주거공간에서 흡입한
라돈 때문에 폐암에 걸려 사망했다고 추정했다. 유럽에서도 2006년 약
3만 명이 같은 이유로 사망했다는 조사결과를 내놨다. 전 세계적으로
보면 매년 수만 명이 라돈에 의한 폐암으로 사망하는 것이다.

최근 연구 결과를 보면 $100Bq/m^3$의 라돈에 노출될 경우 폐암 발
병률이 16% 증가한다는 통계가 나와 있다. 또한 같은 양의 라돈에 노
출된 경우 흡연자가 비흡연자에 비해 폐암 발생 위험이 훨씬 높다.
$100Bq/m^3$의 라돈에 피폭됐을 경우 비흡연자가 75세까지의 폐암 발
생률은 1000명 중 5명 정도지만, 흡연자는 75세까지의 폐암 발생률이
1000명 중 120명에 달한다는 보고가 있다. 흡연자가 비흡연자보다 폐

암 발생률이 약 25배나 더 높은 셈이다. 방사선피폭으로 인한 암 위험 가능성은 평균적으로 1000mSv당 5% 정도다. 만약 연간 5mSv로 10년 간 노출됐다면 총 50mSv가 되므로, 위험도는 5×50/1000, 즉 0.25% 증가하는 셈이다.

보통 어린이는 연령군별 위험을 비교하면 아동이 성인에 비해 3~4배 높은데, 폐암은 역학 조사 결과로 보면 10세 미만일 경우 성인 보다 유발 가능성이 낮게 나타난다. 10세 미만의 어린이는 호흡이 얕아 라돈으로 인한 방사선이 폐 깊숙이 들어가지 않기 때문으로 보인다.

라돈탕이 건강에 좋을까?

폐암 이외에 백혈병과의 상관관계는 아직 명확하게 밝혀지지 않 았다. 라돈에 의해 백혈병이 생기려면 방사선이 골수에 작용해야 하는 데, 이 과정에 대해 아직 학계에서 통일된 이론이나 가설이 나오지 않은 상태다. 물론 질병과의 상관관계가 밝혀지지 않았다고 해서 라돈이 안 전하다는 말은 아니다. 추가 연구가 더욱 필요한 상황으로 이해하는 것 이 좋다. 다만 갑상선 암의 경우 라돈 노출과는 관련이 없다는 것이 학 계의 중론이다. 라돈은 우리 주변에서 손쉽게 발견할 수 있지만, 반드시 관리해야 하는 물질이다. 흙, 시멘트, 지반 균열에서 나오는 라돈 기체 가 환기가 잘 안 되는 건물, 특히 지하실에 농축되는 경우가 생기지 않 도록 환기에 철저히 신경을 써야 한다.

일각에서는 라돈이나 라돈의 전구물질인 라듐이 평균치보다 많

국내외 실내 라돈 권고기준

국가	기준(Bq/m³)	대상	국가	신축주택(Bq/m³)	대상
한국*	148	다중이용시설	영국	100	신축주택
	200	공동주택		200	기존주택
미국	148	주택	캐나다, 스웨덴	200	주택
독일	100	신축주택 · 기존주택	체코, 벨기에, 핀란드	200	신축주택
노르웨이	200	신축주택 · 기존주택		400	기존주택

*'실내공기질 관리법'상의 권고기준.

© 환경부

이 들어 있는 온천수, 식수가 건강에 효능이 있고 류머티즘성 관절염이나 스트레스에 연관된 질환을 치료하는 효과가 있다는 주장을 한다. 한때 라돈이 함유된 온천수인 라돈탕이 건강에 좋다며 인기를 끌기도 했다. 적은 양의 방사선이 오히려 건강에 좋다는 이론을 호메시스 모델(hormesis model)이라고 한다.

이 모델에 대한 확실한 과학적 근거는 아직 전문가들 사이에 이견이 있다. 게다가 라돈의 경우에는 흡입할 경우 폐암 발생 가능성을 높인다는 학계의 중론이 정립돼 있기 때문에 라돈탕은 가능한 한 피해야 할 것으로 보인다.

건강에 좋다고 하는 라돈탕은 사실 라돈 기체로 인해 인체에 좋지 않은 영향을 미칠 가능성이 더 높다. 사진은 터키 파묵칼레에 있는, 라돈이 포함된 노천온천인 '클레오파트라 풀'.

실내 라돈 농도 권고기준, 나라마다 달라

무색, 무취, 무미하지만 발암물질이기도 한 라돈은 깊은 관심과 철저한 관리가 요구되는 물질이다. 라돈 저감 방법은 첫째도 환기, 둘째도 환기다. 반감기가 3일 이상 가는 기체 상태기 때문에 창문을 열어 환기시키면 대부분 권고기준 이하로 수치가 내려간다. 서울시 보건환경연구원이 입주 전후 아파트를 비교해 하루 중 라돈 농도 분포 비율을 조사했는데, 결과를 보면 사람이 활동하거나 환기를 시키는 것이 라돈 농도에 영향을 미쳤다는 걸 알 수 있다. 입주 전 아파트의 경우 오전 0~6시와 6~12시에 라돈 농도의 변화가 거의 없었다. 반면 입주 후 아파트의 경우 오전 0~6시 사이에 라돈 분포가 36%였다가 오전 6~12시에 31%로 줄었다. 연구팀은 오전 6시를 기준으로 사람들이 활동을 하며 창문을 열거나 자연스럽게 공기가 움직이면서 라돈 농도가 낮아졌을 것으로 분석했다.

위험한 발암물질인 라돈은 환기를 통해 저감시키는 것이 가장 좋은 방법이다.

우리나라에는 실내공기질관리법을 통해 다중이용시설과 주택 및 아파트에 대한 실내 라돈 권고기준을 마련해 놓고 있다. 환경부는 2년마다 주택과 공동이용시설의 공기 중 라돈 농도를 조사하고 라돈 농도가 권고기준을 넘길 경우 라돈을 저감하기 위한 지원을 하고 있다. 시도별로 라돈 농도를 알려주는 전국 라돈 지도를 만드는 작업도 시행하고 있다. 정부는 2019년부터 라돈 권고기준을 강화해 주택 및 공동주택의

항공 승무원의 암 발생 위험이 높은 이유

항공 승무원은 전 세계를 누빌 수 있어 인기가 높은 직종이지만, 사실 방사선에 노출되는 위험을 감수해야 하는 힘든 직업이기도 하다. 원자력안전재단의 직업별 연평균 피폭방사선량 자료를 보면, 항공 승무원(2.09mSv)이 원자력발전소 종사자(0.76mSv)보다 높다. 우리나라에서 유럽이나 북미까지 편도 약 10시간을 비행하면 약 0.05~0.09mSv의 우주방사선을 맞게 된다. 승무원은 일년간 비행기 탑승 시간이 800~1000시간에 달하기 때문에 우주방사선 노출량이 2mSv 이상으로 늘어나게 되는 것이다.

우주방사선에는 두 종류가 있는데, 초신성 폭발 때처럼 먼 은하에서 쏟아지는 은하우주선과 태양에서 쏟아지는 태양방사선이다. 비행기가 운행하는 고도(8~12km)에서 우주방사선 효과를 일으키는 입자는 대부분 은하 및 태양에서 생성된 고에너지입자(MeV 이상의 에너지를 가진 입자)로서 양성자, 전자 등으로 구성된다.

비행기를 타고 하늘 높이 올라가면 지상보다 더 많은 우주방사선에 노출된다. 우주방사선은 고도와 위도에 따라 증가한다. 비행고도인 약 9km로 높아지면 우주방사선의 연간 선량이 4mSv 정도로 높아진다(지상에서는 100분의 1 이하). 만약 비행기가 북극 지역을 지나는 북극항로를 따라 운행한다면, 이 비행기에 탑승하고 있는 승무원을 비롯한 사람들은 더 많은 우주방사선에 노출된다. 우주방사선은 지구로 들어올 때 1차로 지구 자기장에 가로막혀 직접 대기로 진입하지 못하고 대부분 지구 자기력선을 따라 지구 양극 쪽으로 퍼진다. 이 때문에 극지방의 우주방사선 피폭량이 가장 많다. 북극항로를 이용할 경우 노출되는 우주방사선량은 적도 지역으로 지나가는 항로에 비해 3~4배 많은 것으로 알려져 있다. 태양폭발기에는 우주방사선량이 더욱 늘어난다.

가끔 비행기를 타는 일반 승객은 우주방사선에 노출돼도 큰 문제는 없다. 그러나 수시로 비행기를 타는 승무원은 상황이 다르다. 특히 북극항로를 자주 이용해야 하는 승무원이라면 문제가 더욱 심각해진다. 북극항로는 인천에서 미국 뉴욕이나 시카고, LA 등을 갈 때 주로 이용하는 노선이다. 비행사는 북극항로를 이용할 경우 비행시간이 단축돼 비용 절감 효과를 얻을 수 있다. 이 때문에 항공사들은 북극항로를 선호하는 경향이 있다.

항공 승무원은 방사선에 자주 노출되는 탓에 일반인에 비해 암 발생 위험이 높다는 연구도 있다. 미국 하버드대 공중보건대학원 연구진은 2018년 6월 〈환경위생저널〉에 발표한 논문에서 항공 승무원이 일반인보다 유방암, 자궁암, 자궁경부암, 위암, 피부암, 갑상선암에 걸릴 확률이 높다고 밝혔다. 연구진은 2013~2014년 미국 남녀 항공 승무원 5366명을 대상으로 설문조사를 통해 건강정보를 수집한 뒤, 이 데이터를 교육과 소득수준이 비슷한 일반 미국인 2729명의 건강정보와 비교했다. 비교 결과 항공 승무원은 일반인보다 최대 4.1배 암 발병률이 높았다(피부암). 유방암 발병률은 승무원이 일반인보다 1.5배 높았고 자궁암 발병률은 승무원이 일반인보다 3.9배 높았다.

이처럼 암 발생 위험이 높기 때문에 항공사는 생활주변방사선 안전관리법에 따라 항공노선별로 승무원이 우주방사선에 피폭되는 양, 승무원이 연간 우주방사선에 피폭되는 양을 조사하고 분석해야 하는 의무가 있다. 2017년 기준 국내 항공사는 9곳이고 여기에 소속된 항공 승무원은 1만 9000명 정도다. 직업상 지속적으로 방사선에 노출되는 만큼 항공사와 정부는 승무원의 건강 위험 정보를 분석하고 이를 승무원에게 고지하는 의무를 철저히 이행해야 할 것이다.

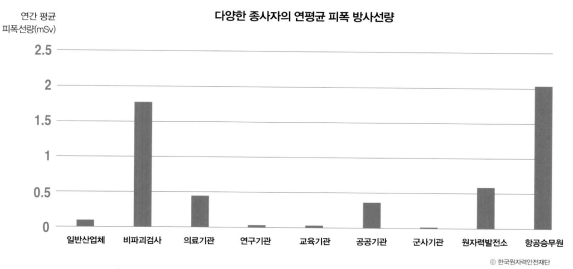

연간 평균
피폭선량(mSv)

다양한 종사자의 연평균 피폭 방사선량

일반산업체　비파괴검사　의료기관　연구기관　교육기관　공공기관　군사기관　원자력발전소　항공승무원

권고기준인 200Bq/m³을 다중이용시설 권고기준인 148Bq/m³ 수준으로 강화하기 위한 입법 예고를 해 놓은 상태다. 이 기준은 미국의 실내 환경 기준 수준이다.

　　방사선을 이용한 제품에서는 생활주변방사선 안전관리법상 기준치 이상의 자연방사성물질이 함유된 가공제품의 경우 일반인 피폭방사선량이 연간 1mSv를 초과하면 안 된다고 규정하고 있다. 권고기준이나 안전기준이라는 용어는 라돈 농도를 기준 이하로 낮게 유지하라는 권고치일 뿐, 이 수치 이하일 때 안전하다는 뜻은 아니다. 라돈은 자연방사성물질이기 때문에 라돈에 전혀 노출되지 않을 수는 없다. 방사선 피폭에 대비해 방사선을 합리적이면서도 안전하게 관리하기 위한 수단으로 이해해야 한다.

　　실제 WHO에서는 실내 라돈 농도를 관리하기 위한 기준으로 연평균 100Bq/m³로 규정했다. 동시에 해당 나라의 특성 및 경제사회적 이유로 인해 권고기준을 100Bq/m³로 관리하지 못한다면 100Bq/m³을 초과해 정할 수 있으나 최대 300Bq/m³을 넘지는 않도록 권고했다. 영국과 독일의 경우 신축주택의 라돈 권고기준을 100Bq/m³로 정해 규제가 강한 편이다. 체코와 벨기에는 기존 주택의 라돈 권고기준이 400Bq/m³로 WHO의 권고치보다도 더 느슨하다.

알라라 원칙, '가능한 한 피하라'

　　라돈 침대 사건은 우리나라 라돈 관리의 큰 전환점이 될 것으로 보인다. 대한방사선방어학회 등의 전문가들은 라돈 침대 사건 이후 기자회견을 열어, 정부가 라돈 및 토론 함유 매트리스를 사용한 사람들에 대해 피해자 등록을 받은 뒤 이들을 대상으로 장기적으로 폐암 추적을 할 필요성이 있다는 의견을 제시했다. 이제까지 원안위가 발표한 피폭량은 단순한 모델과 가정에 근거한 예비평가 수준이므로 라돈 침대 매트리스 모델별로 사용 환경별 시나리오에 따른 상세 평가를 해야 한다고도 밝혔다. 피폭선량이 상세하게 평가되면 이 결과를 참조해 매트리스 사용자에 대한 장기적 폐암 추적을 해야 한다는 의견도 나왔다. 방사선안전 문제를 총괄하는 방사선방호법(가칭)을 신설해 현재 방사선과 관련해 각 부처별로 나눠져 있는 다양한 법안을 통합 관리할 필요성도 제기됐다. 이를 통해 자연방사성물질을 함유한 제품에 대한 형식 승인 및 품질 보증제도 체계도 정립해야 한다는 지적도 나왔다.

　　일각에서는 라돈의 체내 이동경로를 추적하기 위한 연구를 시작하기도 했다. 한국원자력연구원 첨단방사선연구소와 안전성평가연구소 전북흡입안전성연구본부 공동 연구팀은 체내 유해 물질에 방사성동위원소를 표지해 어떤 장기까지 이동하는지 분석하는 실험을 수행하고 있다. 연구진은 가습기살균제 원인물질에 대해서 인듐 111을 표지해 체내 이동경로를 추적하고 있는데, 라돈 등의 물질에도 사용 가능하다. 실제로 연구팀은 향후 라돈의 체내 영향 연구에도 활용하는 방법을 중점적으로 연구하겠다는 입장이다.

　　방사선은 잘 쓰면 약이 되지만 자칫하다간 독이 될 수 있는 양면성을 가진 물질이다. X선 촬영이나 CT 촬영 같이 방사선을 이용해 생명에 위태로울 수 있는 질병을 사전에 탐지해 내기도 한다. 음식에 방사선처리를 해 보관기간을 늘리는 등의 유익한 이익을 주기도 한다. 그런데 방사선은 사람들이 모르는 사이 폐 안에 들어가 내부피폭으로 암을 일으키기도 한다. 방사선을 이용한 기술들은 사고가 나서 외부로 일단 유출되면 그 피해의 폭이 크고 대형 시설에서 사고가 날 경우 처참한 사고로 귀결되기도 한다.

방사선을 대하는 가장 합리적인 태도는 가능한 한 피하라는 것이다. 국제방사선방호위원회는 1977년 알라라(ALARA) 원칙을 세웠다. '합리적으로 달성 가능한 한 낮게(As Low As Reasonably Achievable)'라는 뜻의 영어문구에서 영어단어 머리글자를 따온 용어다. 개인의 사회경제적 여건을 고려해 개인 피폭량을 가능한 한 낮게 유지해야 한다는 내용으로 핵심은 '가능한 한 피하라'에 있다.

라돈 침대 사건을 계기로 우리가 숨 쉬는 공기 중의 '침묵의 살인자' 라돈에 대해 전 국민이 인식하게 됐다. 라돈은 알고 대처하기만 하면 충분히 관리가 가능한 기체다. 미국에서는 주택을 거래할 때 계약서에 주택 내부 공기 중 라돈 수치를 기재하도록 돼 있다. 라돈에 대한 관심을 높이고 이를 관리하기 위한 적극적 정책 중 하나라고 볼 수 있다. 우리나라에서도 라돈 침대 사건 이후 구청 등에서 무료로 라돈 측정기를 대여하는 서비스를 시작했다. 라돈에 대한 우려로 인해 직접 라돈 측정기를 구매하는 가정도 늘고 있다.

오래된 주택에 살거나 지하에 살고 있다면 라돈 측정 서비스를 받아보고, 주기적으로 환기를 시키는 등의 생활 습관이 우리의 건강을 지킬 수 있는 지름길이 될 것이다. 또한 정부는 라돈 침대 사건을 계기로 생활 속에서 사용하는 제품에 포함된 방사성물질을 관리할 수 있는 법안을 강화해 나가야 할 것이다.

미국 코네티컷주에서는 '능동 토양 감압(ASD)' 시스템을 설치해 주택의 라돈을 저감시키고 있다.

ISSUE 3

최악의 폭염

신방실

연세대에서 수학과 대기과학을 전공하고, 동아사이언스 《과학동아》에서 기자로 활동했다. 지금은 KBS에서 기상전문기자로 일하며 매일매일의 날씨와 기상이변, 기후변화의 현장을 취재하고 있다. 지은 책으로 『지진과 안전』, 『오늘도 대한민국은 기상이변입니다』, 『날씨와 재해』, 『선생님도 놀란 과학 뒤집기 기본편─날씨』, 『다운이 가족의 생생탐사 3』, 『비교─기후 편』 등이 있다.

2018년 여름 왜
역대급으로 무더웠을까?

한여름 폭염이 한창이던 2018년 8월 초 경기도 성남시 분당구의 분수대에서 아이들이 뛰어놀고 있다. 앞으로 폭염에 어떻게 대비해야 할지가 큰 과제다.

2018년 여름은 그 어느 해보다 더 길고 뜨거웠다. 2008년 기상전문기자로 KBS에 입사한 뒤 항상 폭염 취재를 할 때 비교 대상이 되는 해는 1994년 여름이었다. 당시 전국 평균 폭염 지속 일수가 31.1일로 기상 관측 이후 최장을 기록했다. 당시에 어린이나 청소년이었던 사람도, 성인이었던 사람도 각자의 기억은 조금씩 다르겠지만 끔찍할 만큼 더웠다는 공통된 기억을 가지고 있었다. '에어컨도 없었는데 어떻게 살았을까'라는 얘기도 나왔다.

단일 기록으로만 보면 우리나라 최고기온은 40.0℃로 1942년 8월 1일 대구에서 나왔다. 자동기상관측장비(AWS)에 의한 기록이 아니라 공식 관측소에서 세워진 기록이다. 폭염의 도시라는 별명답게 일찌감치 40℃를 찍었기 때문에 이후에 39℃를 오르락내리락하는 날씨에도 '설마 40℃를 넘겠어?'라고 생각했고 실제로 한 번도 넘은 적은 없었다. 자동기상관측장비

(AWS)의 경우 사람의 손을 거치지 않고 실시간으로 기온이나 강수량, 바람 등 기상요소를 측정해 전송한다는 장점이 있지만, 옥상에 설치돼 있는 식으로 관측 환경이 동일하지 않고 오류도 자주 발생한다. 공식 기록으로 사용하지 않음에도 거의 항상 관측소의 기록보다 높게 나온다는 특성이 있어서 언론에서는 즐겨 보도하는 경향이 있다. 자동기상관측장비(AWS) 기록은 폭염이 절정일 때 40℃ 넘게 오르기도 했다. 그렇지만 최고기온의 공식 1위 기록은 대구가 70년 넘게 지키고 있었다.

일찍 끝난 장마, 폭염의 신호탄이었나?

2018년엔 설마설마했던 일들이 모두 현실로 변하고 말았다. 최장기 폭염 지속 기록과 전국 최고 기온 기록이 동시에 새롭게 세워진 것이다. 그 시작은 장마가 시작된 6월로 거슬러 올라간다. 6월 19일 제주부터 시작된 장맛비가 7월 1일 서울을 비롯한 중부지방에도 쏟아졌다. 장마전선은 북쪽의 차고 건조한 공기와 남쪽의 덥고 습한 공기 사이에 발달하는 정체전선이다. 장마전선상에 비구름이 만들어져 보통 한 달 정도 우리나라에 비를 뿌린다. 6월 하순부터 장마전선의 영향을 받기 시작해 해마다 차이는 있지만 7월 20일 전후까지를 장마철로 본다.

그런데 2018년 여름에는 장마전선이 처음으로 비를 뿌린 시기가 예년 평균보다 1주일 늦었고 비가 시원스럽게 쏟아지지도 않았다. 불길한 예감은 틀리지 않았다. 일기도를 봐도 장마전선이 뚜렷하게 발달한 것이 아니라 흐지부지해지는 경향을 보인 것이다. 결국 7월 11일에 장마가 공식적으로 종료됐다. 장마 종료는 장마전선이 한반도 북쪽으로 북상하거나 전선의 세력이 약해지면서 강수가 끝나는 시점으로 정의한다. 즉 한반도 상공에서 남쪽의 뜨거운 공기가 승리를 거둔 건데 북태평양 고기압의 영향으로 본격적인 찜통더위가 시작된다는 신호탄이기도 하다. 그래서 우리나라의 여름 휴가 기간은 보통 장마가 끝나는 7월 말에서 8월 초가 가장 인기가 있다. 가장 더운 시기이기 때문에 학교의 방학도 이 시기에 이뤄진다. 2018년 장마

장마 기간(6월 19일~7월 11일) 강수량 및 예년 대비 강수량 비율

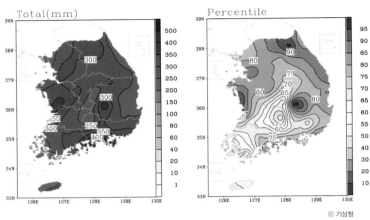

© 기상청

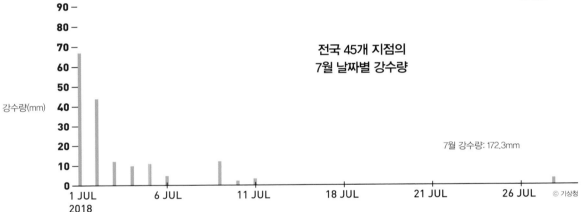

전국 45개 지점의
7월 날짜별 강수량

7월 강수량: 172.3mm

© 기상청

기간은 제주도가 21일, 남부지방은 14일, 중부지방은 16일로 평년(32일) 수준을 크게 밑돌았다. 특히 중부지방은 1973년에 이어 두 번째로 짧았다. 장마가 일찍 끝나다 보니 장마 기간 동안 전국 평균 강수량도 283.0mm로 평년(356.1mm)보다 70mm가량 모자랐다. 보통 장마철에 1년에 내릴 비의 20~30%가 내린다는 점을 생각해 보면 가뭄이나 물 부족이 우려되는 상황이었다. 특히 남부 내륙지역에는 장마철 동안 비가 예년의 절반 수준도 내리지 않은 것으로 나타났다.

이렇게 장마가 기록적으로 짧게 끝남과 동시에 폭염의 날들이 본격적으로 찾아왔다. 7월 10일 중부지방으로 장마전선이 북상해 마지막 힘을 다하고 있을 때 충청과 호남, 경남 지역에 처음으로 폭염주의보가 내려졌다.

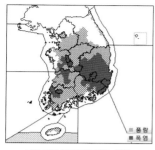 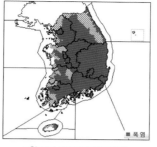 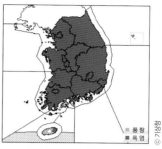

| 7월 12일 폭염특보 발효 현황 | 7월 17일 폭염특보 발효 현황 | 7월 21일 폭염특보 발효 현황 |

또 서울에는 7월 12일 첫 폭염주의보가 내려졌고 전국으로 확대되기 시작했다. 나날이 뜨거운 땡볕 속에 비는 한 방울도 내리지 않는 날씨가 계속됐다. 더운 열기가 식지 않고 누적되면서 폭염주의보는 경보로 강화되고 발효 지역은 전국으로 확대돼 갔다.

　　폭염주의보는 낮 최고기온이 33℃ 이상인 날이 이틀 이상 지속될 것으로 예상될 때 내려지고, 폭염경보는 이보다 높은 35℃ 이상일 때 내려진다. 폭염주의보와 경보를 합쳐서 폭염특보라고 부른다. 폭염특보가 내려지면 전국의 지자체와 행정기관에서는 노약자나 노숙인처럼 폭염 취약계층을 위한 무더위 쉼터를 열고 거리에 햇볕 차단막을 설치하며 분주한 대응에 나선다. 공사 현장에서는 무더위 휴식제를 시행해 노동자들의 일사병과 열사병 피해를 막고 농촌에서도 한낮의 야외 작업을 줄이도록 홍보한다. 궁극적인 목적은 폭염에 의한 인명 피해를 줄이는 것이다. 그런데 장마 이후 폭염특보가 거의 전국에서 날마다 지속되다 보니 특보에 대한 경계나 주의가 떨어질 수밖에 없는 상황이었다. 만약 하루 이틀 폭염경보가 내려졌다고 하면 반짝 주의하는 마음이 생기겠지만, 한 달 내내 폭염경보가 굳건히 발효 중이라면 야외 작업이나 노동을 안 할 수 없다는 얘기다.

　　실제로 7월 한 달 동안 전국의 평균 기온은 26.8℃를 기록했는데, 평년과 비교한 그래프를 보면 극명한 사실을 알 수 있다. 기상청에서는 지난 30년간의 평균적인 날씨를 평년값이라고 부른다. 매일매일 나타나는 기상 현상이 평균과 비교해 얼마나 이례적인지 판단하는 기준이 된다. 2010년대에는 1980년부터 2010년까지 30년간 평균한 자료를 사용하고 있다.

전국 45개 지점의 7월 날짜별 평균 기온

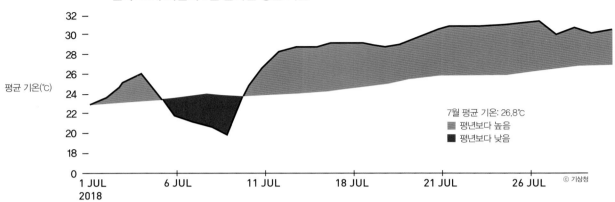

그래프를 보면 장마가 끝난 7월 중순부터 고온 현상이 시작돼 그래프가 온통 빨갛게 색칠돼 있다. 7월 후반으로 가면서 전국의 평균 기온이 이미 30℃ 선을 넘어 버린 것을 알 수 있다. 평균 기온이 이 정도이니 최고 기온의 극값은 폭염경보의 기준인 35℃를 넘는 날이 잦았다는 말이다. 이때부터는 '돌이킬 수 없는 강을 건넌' 기분이 들었다.

"오늘도 폭염, 오늘도 폭염…." 무한반복 날씨뉴스

기상전문기자도, 기상캐스터도 2018년 여름에는 날씨 뉴스를 전하는 일이 고역이었다. 매일 기상청에서 발표하는 날씨는 똑같았다. 기상청에서 발표한 당시의 예보(2018년 7월 20일)를 보면 알 수 있다.

－전국 대부분 폭염경보 발효 중, 당분간 무더위 지속, 일부 지역 열대야
－전국 대체로 맑음
－(폭염, 열대야) 전국 대부분 폭염경보, 낮 기온 35℃ 내외로 올라 매우
덥겠고, 폭염특보 강화, 일부 지역 열대야… 무더위 장기간 지속으로 온열질환자 발생과 농축수산물 피해 우려, 각별히 유의

이런 식의 예보문이 날짜만 바뀐 채 거의 똑같이 무한히 반복되고 있

었다. 주변 사람들은 도대체 언제 더위가 끝나는지 물었다. 하지만 희망적인 대답을 들려줄 수가 없었다. 한반도 상공의 기압계가 너무 견고해서 기다리는 소나기조차 귀한 여름이었다. 심지어 태풍이라도 올라와 시원하게 비를 뿌리고 폭염을 불러오는 한반도 상공의 기압 배치를 바꿔 주기를

7월 20일 기상청 발표 예보문.

바라는 목소리까지 나왔다. 이른바 '효자태풍'에 대한 바람이었는데, 태풍은 자칫하면 큰 비와 바람을 몰고 올 수 있어 사실 필자는 그런 얘기를 삼가는 편이다(고백하건대 태풍 얘기를 하면 왠지 태풍이 진짜 올 것만 같은 개인적인 미신이 있다).

꺾일 줄 모르는 폭염 뉴스를 전하던 필자는 하루는 한강 물에 발을 담근 채, 하루는 아스팔트 위에서 온도계를 들고 나가 힘겹게 버텼다. 사람들은 하루가 다르게 기상전문기자의 얼굴이 초췌하게 변한다는 얘기도 했다. 7월의 시뻘건 기온 그래프는 8월에도 변하지 않았다. 아니 8월의 첫날부터 뒤통수를 세게 맞은 듯했다.

폭염 뉴스를 전하는 기자의 방송 화면.
ⓒ KBS

'2018년 8월 1일' 폭염의 역사 새로 쓰다

8월 1일 서울의 최고기온이 39℃로 예보되면서 전날부터 긴장할 수밖에 없었다. 서울의 최고기온 기록은 38.4℃로 1994년 7월 24일에 세워졌다. 당시에도 장마가 일찍 끝나고 무더운 북태평양 고기압이 한반도를 뒤덮으며 7월부터 폭염이 심했다. 만약 기상청 예보대로 서울의 낮 기온이 39℃까지 오른다면 기상 관측 이후 가장 높은 기록이 작성되는 셈이었다.

아침부터 푹푹 찌는 열기로 가득하던 그날, 오후가 되자 숨을 쉬기 힘들 정도로 땡볕이 쏟아지기 시작했다. 기온은 쉬지 않고 올랐고 수은주는 예보보다 조금 더 높은 39.6℃에서야 멈췄다. 보도국이 술렁댔다. 기상 관측이 처음 시작된 1907년 이후 111년 만에 서울의 최고기온은 가장 높았다.

8월 1일 9시 뉴스를 전하는 기자의 방송 장면이 캡처돼 SNS에 올라갔다. 더위가 확 꺾이지 않고 기온이 1℃씩 내려간다는 내용에 '롱패딩 준비하라'는 식의 웃픈 댓글이 달렸다.

기상관측 시작 이래 일 최고기온 극값 경신 주요지점 (8월 1일 16시 30분 기준)

관측 지점	관측 개시일	1위		2위		3위		4위		5위	
홍천	1971.09.27.	41.0	2018.08.01.	38.5	2018.07.31.	38.3	2018.07.28.	38.2	2018.07.22.	38.0	2018.07.24.
서울	1907.10.01.	39.6	2018.08.01.	38.4	1994.07.24.	38.3	2018.07.31.	38.2	1994.07.23.	38.2	1943.08.24.
춘천	1966.01.01.	39.5	2018.08.01.	37.2	2018.07.24.	37.1	2018.07.31.	37.0	2018.07.22.	36.8	2012.08.05.
수원	1964.01.01.	39.3	2018.08.01.	37.5	2018.07.31.	37.5	2018.07.22.	37.4	2012.08.05.	37.3	1994.07.23.
충주	1972.01.01.	40.0	2018.08.01.	37.9	1994.07.25.	37.9	1994.07.23.	37.6	2018.07.31.	37.6	1994.07.22.
청주	1967.01.01.	38.2	2018.08.01.	37.8	2018.07.22.	37.8	1994.07.23.	37.8	1984.08.10.	37.5	1994.07.24.
대전	1969.01.01.	38.9	2018.08.01.	37.7	1994.07.24.	37.6	2016.08.20.	37.5	1994.07.23.	37.5	1994.07.22.
부여	1972.01.09.	38.7	2018.08.01.	37.7	1994.07.23.	37.6	1994.07.24.	37.6	1994.07.22.	37.5	1994.07.25.
부안	1972.03.01.	38.0	2018.08.01.	37.2	2018.07.30.	37.0	2018.07.31.	36.8	2018.07.23.	36.6	1994.08.13.
의성	1973.01.01.	40.4	2018.08.01.	39.9	2018.07.27.	39.6	2018.07.24.	39.4	2018.07.26.	38.7	2015.08.07.
안동	1973.01.01.	38.9	2018.07.27.	38.8	2018.08.01.	38.0	2012.08.05.	37.8	2018.07.24.	37.8	2016.08.12.
전주	1918.06.23.	38.6	1930.07.11.	38.4	2018.08.01.	38.3	2012.08.06.	38.2	1994.07.23.	38.2	1939.07.21.

8월 1일 폭염특보 발효 현황.

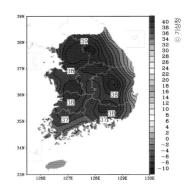

8월 1일 최고기온 현황.

이뿐만 아니라 강원도 홍천은 41℃까지 치솟아 1942년 대구에서 세워
진 40℃의 벽을 넘어 버렸다. 우리나라에서 가장 더운 폭염도시가 청정지
역의 대명사인 '강원도'의 홍천으로 변하는 역사적인 순간이었다. 또한 충

북 충주가 40℃, 경북 의성도 40.4℃로 '40℃ 클럽'에 합류했다. 대구에서 홍천으로 우리나라 역대 최고기온 기록이 바뀌는 데에는 76년이 걸렸다. 그러나 앞으로는 이보다 높은 기온 기록이 더 짧은 주기로 세워지지 않을까 하는 불안감이 밀려오는 날이었다.

그날의 펄펄 끓는 열기는 밤에도 빠져나가지 못하고 고스란히 축적 됐다. 다음 날인 8월 2일 아침에는 초열대야 기록이 줄줄이 나왔다. 서울의 최저기온이 30.3℃였는데, 이 정도면 땀이 나서 에어컨 없이는 잠들기 힘 들 정도다. 1주일 정도 뒤인 8월 8일 강릉의 최저기온은 30.9℃에서 더 이 상 떨어지지 않았다. 전국 곳곳에서 낮 최고기온 기록이 갱신될 뿐만 아니 라 기상 관측 이래로 가장 무더운 밤이 이어지고 있었다.

끝이 보이지 않는 폭염의 원인은?

장마전선은 북쪽의 오호츠크해 고기압과 남쪽의 북태평양 고기압 사 이에서 만들어진다고 알려져 있다. 성질이 다른 두 공기 덩어리가 만나 서 로 밀고 밀리는 '세력 다툼'을 하다가 남쪽의 북태평양 고기압이 한반도로 확장하면서 장마전선이 북한으로 밀려올라가고 장마가 종료된다. 눈에 보 이는 실체가 있는 것은 아니지만, 한곳에 오래 머물며 비를 몰고 오는 정체 전선이다. 장마가 일찍 끝났다는 얘기는 바로 북태평양 고기압이 강하게 발달해 북쪽으로 치고 올라왔다는 뜻이기도 하다. 2018년 여름도, 기록적 인 폭염이 이어진 1994년도 상황은 마찬가지였다. 특히 두 해 모두 북태평 양 고기압뿐만 아니라 중국 내륙에서 발달한 티베트 고기압까지 열기를 더 하는 데 한몫했다.

티베트 고기압은 교과서에 등장하지 않는 낯선 개념인데, 중국 남서 부 히말라야 산맥에 있는 티베트 고원에서 발달한 안정된 공기 덩어리를 뜻 한다. 평균 해발고도가 4000m 이상인 지역으로 한여름이 되면 이 지역의 땅은 뜨겁게 달구어져 엄청난 양의 공기가 대류 활동을 일으킨다. 높이 상 승한 공기는 대류권의 경계 부근인 지상 10km 부근까지 올라가 안정된 상

최악의 폭염 **61**

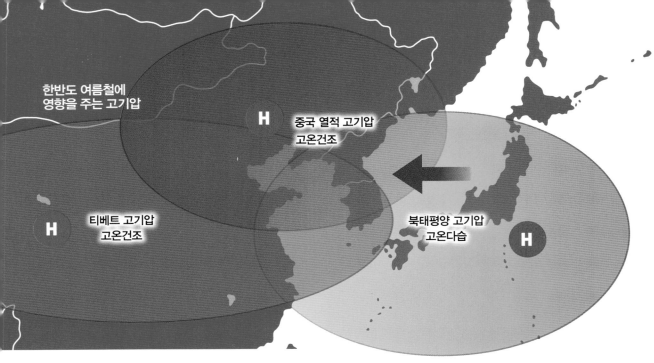

한반도 여름철에
영향을 주는 고기압

중국 열적 고기압
고온건조

티베트 고기압
고온건조

북태평양 고기압
고온다습

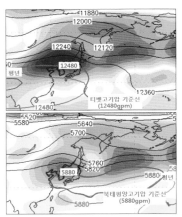

2018년 7월 대기 상층(200hPa)에
발달한 티베트 고기압과
중하층(500hPa)의 북태평양
고기압을 보여주는 일기도.
붉은색으로 표시된 영역이
예년보다 강한 부분.
© 기상청

태로 머물게 되는데, 이를 티베트 고기압이라고 부른다. 1994년과 2018년 모두 대기 상층의 티베트 고기압이 강하게 발달하면서 한반도에 끝이 보이지 않는 더위를 몰고 왔다. 여기에 상대적으로 낮은 고도에서 만들어지는 북태평양 고기압의 열기까지 더해져 기록적인 폭염이 나타났다. 대기 상층과 중·하층이 모두 펄펄 끓는 상태였다는 뜻이다.

　　두 고기압은 발달하는 고도가 대기 상층과 중·하층으로 서로 다를 뿐만 아니라 성질도 다르다. 일단 북태평양 고기압은 해양에 기반을 두고 있기 때문에 뜨겁고 습한 성질을 지닌다. 한여름에 찜통처럼 푹푹 찌고 불쾌지수가 한없이 높아진다면 북태평양 고기압이 우리나라를 덮고 있다고 생각하면 된다. 찜통더위라는 말이 그냥 나온 것이 아닌 셈이다. 반면 사막처럼 건조한 중국 내륙의 고원지대에서 발달한 티베트 고기압은 뜨겁기는 하지만 매우 건조한 성질을 지닌다. 습기를 머금지 않은 그야말로 땡볕더위나 불볕더위를 떠올리면 된다. 두 더위를 두고 항간에는 습도가 낮으면 견딜 만하기 때문에 티베트 고기압의 영향을 받는 편이 차라리 낫다고 말하기도 한다. 그런데 불행하게도 2018년은 두 고기압의 영향이 중첩되는 '교집합' 영역에 우리나라가 머물러 있었다. 대기의 상태가 극히 안정돼 있어 상층의 한기조차 내려오지 못해 소나기구름도 만들어지지 않았다. 다른 여름철이었다면 국지성 호우가 너무 잦아서 문제였는데 말이다. 강한 비구름이 형성되기 위해서는 상층의 한기와 하층의 열기가 뒤섞이면서 대기가 불안정해져야 하는데, 그런 과정이 전혀 일어날 수 없었다. 솥뚜껑처럼 안정되고 철벽같은 고기압들에 포위돼 한반도는 나날이 가마솥으로, 찜통으로 변해 갔다. 더워 죽겠다라는 말이 절로 나오는 무척 긴 여름이었다. 특히 2018년은 1994년과 비교해 티베트 고기압과 북태평양 고기압의 세력이 더욱 강하고 폭넓게 발달했다는 기상청의 분석이 나왔다.

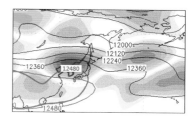
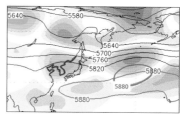

1994년 7월 대기 상층(200hPa)과 중하층(500hPa)의 기압 배치. 2018년에 비하면 예년보다 강한 붉은색 부분이 많지 않다.
© 기상청

더위 몰고 온 고기압과 열대 바다의 연결고리?

중국에서 발달하는 티베트 고기압의 경우 관측 자료가 부족해 그 움직임을 예측하기가 쉽지 않다. 왜 유독 2018년 여름에 그렇게 강하게 발달했을까. 거슬러 올라가 1994년과 2016년에도 마찬가지로 강한 세력을 유지했지만 정확한 원인을 밝혀내지 못했다. 티베트 고원과 가까운 북극의 고온 현상으로 안정된 고기압이 형성되며 주변 지역에 나비효과처럼 연쇄적인 영향을 줬다거나 겨울철 시베리아에 눈이 적게 내리면서 이른 봄부터 많은 열에너지가 축적됐다거나 하는 이유를 들 수 있다. 그런데 2018년 여름의 경우 더위를 몰고 온 고기압이 유난히 강하게 발달한 원인이 열대 바다에 있다는 연구 결과가 나왔다. 필리핀 부근 서태평양의 해수면 온도가 예년보다 1℃에서 최고 1.5℃까지 높은 상태였는데, 바다가 뜨겁다는 것은 그만큼 바다에서 대기로 뜨거운 열이 전달된다는 의미다. 실제로 필리핀 부근 서태평양에서는 가열된 공기가 상승하는 대류활동이 매우 활발하게 일어나고 있었다. 필리핀 부근 해상에서 상승한 공기는 북쪽인 중위도 지역으로 이동해 다시 가라앉게 되는데, 이 공기가 가라앉는 지역이 바로 중국 북부와 몽골, 러시아 남부지역이다. 이 지역에는 공기가 하강하면서 안정된 고기압이 발달하고, 적도에서 뜨거운 공기가 몰려올수록 더 강하게 세력을 확장한다. 결국 비정상적으로 뜨거워진 필리핀 부근의 바닷물이 티베트 고기압을 강하게 발달시켜 대륙의 열풍을 더욱 강력하게 만들고 이 열풍이 한반도로 들어오면서 기록적인 폭염이 나타났다는 뜻이다.

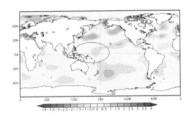

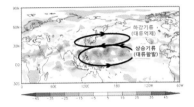

2018년 7월 해수면온도 편차(위)와 그로 인한 대류활동(아래). 열대 동태평양이 예년보다 차가워지는 라니냐가 발달해 반대쪽인 필리핀 부근의 서태평양의 해수면온도가 상승했다.
ⓒ 기상청

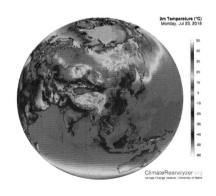

2018년 7월 23일 전 세계 기온을 보여주는 기상 지도. 동북아시아를 포함한 북반구에서 붉은빛을 띠는 곳은 폭염에 시달리고 있다.
ⓒ Climate Change Institute | University of Maine

그렇다면 필리핀 부근의 서태평양이 유난히 뜨겁게 달아오른 이유는 무엇일까. 학계에서는 열대 동태평양의 바닷물이 예년보다 차가워지는 라니냐를 원인으로 보고 있다. 일반적으로 열대 동태평양이 예년보다 차가워지는 라니냐가 발달하면 반대쪽인 필리핀 부근 서태평양의 해수면 온도는 올라가기 때문이다. 엘니뇨의 정반대 현상인 라니냐는 4년에서 6년 정도를 주기로 엘니뇨가 끝난 뒤에 발달하기 시작한다. 라니냐 현상의 강도가 강하든 약하든 일단 적도 태평양의 수온에 영향을 주고, 그 도미노 현상의 끄트머리쯤에 한반도가 위치해 있는 셈이다.

대륙의 티베트 고기압뿐만 아니라 해양에서 발달하는 북태평양 고기압의 경우에도 라니냐 현상과 연결고리가 존재하는 것으로 밝혀졌다. 특히 1994년과 2018년 모두 열대 서태평양에서 해수면 온도가 높게 유지되는 라니냐 국면에서 기록적인 더위가 발생했다. 2018년의 경우 2월에 라니냐가 종료되고 여름에는 중립 상태를 유지하고 있었다. 라니냐 현상이 발생하면 겨울철에 평소보다 한랭한 경향이 나타난다는 사실이 밝혀졌지만, 여름철에 무더위를 몰고 온다는 사실은 알려져 있지 않았다. 오히려 그동안 라니냐 국면에는 여름 더위가 없다는 통념이 있었다. 그러나 2018년 여름 북반구 곳곳에 기록적인 폭염이 지속되면서 이런 주장도 설자리를 잃게 됐다. 세계기상기구(WMO)는 2018년을 라니냐가 발생했던 해 가운데 가장 뜨거웠던 해로 발표했다. 적도 먼 바다에서 일어나는 '남의 집 일'쯤으로 생각했던 라니냐가 한반도 기후에 직간접적으로 영향을 준다는 사실이 드러나면서 관련 연구에 대한 필요성도 커지고 있다.

북반구 전체가 펄펄 끓는 '열돔' 속에

우리나라가 더위에 펄펄 끓고 있었을 때 다른 나라의 사정은 어땠을까. 전 지구의 일기도를 보면 한눈에 알 수 있다. 한반도뿐만 아니라 북반구 중위도의 고기압이 동서 방향으로 강화되면서 정체하고 있었다. 그 결과 중위도 지역의 대기를 뒤섞어 주는 제트 기류가 예년보다 북쪽을 지날

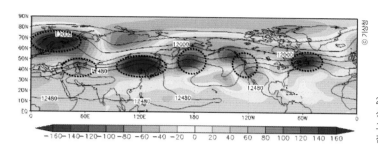

2018년 7월 전 세계 상층(200hPa)에 예년보다 강한 고기압들이 동서 방향으로 자리 잡고 있음을 알 수 있다.

수밖에 없었고 극지방에 머물고 있는 찬 공기가 남하하지 못하는 상황이 계속됐다. 북반구 중위도에는 전반적으로 기록적인 고온현상이 나타났고, 2018년의 경우 1994년보다 고기압의 세력이 훨씬 강했다는 사실이 드러났다. 이웃 일본은 우리보다 더 힘겨운 여름을 보냈다. 북태평양 고기압의 중심부와 더 가깝다는 요인도 있었는데, 기후현 다지미시의 기온이 40.7℃까지 치솟으면서 고령자를 비롯해 10여 명이 온열질환으로 사망했다. 아이치현 도요타시에서는 초등학교 1학년 어린이가 열사병으로 사망했다. 아침에 공원으로 현장 학습을 갔다가 11시 30분경 교실로 돌아와 휴식을 취하던 중 의식을 잃은 것이다. 교실에는 4대의 선풍기뿐이었고 에어컨이 없었다.

미국 서부 지역에서는 폭염으로 악명 높은 캘리포니아주 데스밸리에서 7월 초에 이미 52.0℃의 최고기온이 나타났다. 1913년 7월 세워진 지구상에서 가장 높은 기록인 56.7℃에 육박한다. 서늘한 기후로 알려진 캐나다 퀘벡지역에서도 폭염에 습도까지 높아 19명이 사망했다. 시베리아도 예외가 아니었다. 예년보다 7℃ 이상 높은 고온현상으로 산불과 전력 공급에 비상이 걸렸다. 유럽에서는 폭염과 함께 가뭄이 기승을 부렸다.

온열질환 사망자 48명… 역대 최악

푹푹 찌는 날씨에 야외에서 일하던 근로자들이나 농촌의 노인들이 열사병으로 사망했다는 소식도 잦아졌다. 경기도 시흥시에서는 타워 크레인에서 일하던 40대 남성이 열탈진으로 쓰러져 구조됐는데, 크레인 내부의 기온이 50℃에 육박했다. 또 폭염특보 속에 비닐하우스나 논밭에서 일하던

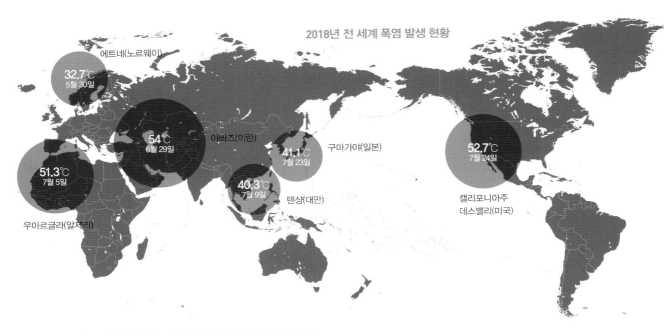

2018년 전 세계 폭염 발생 현황

에트네(노르웨이)
32.7℃
5월 30일

54℃
6월 29일
아바즈(이란)

41.1℃
7월 23일
구마가야(일본)

52.7℃
7월 24일
캘리포니아주
데스밸리(미국)

51.3℃
7월 5일
우아르글라(알제리)

40.3℃
7월 9일
텐샹(대만)

7월부터 최근(8월 16일)까지 전 세계 폭염 발생 현황

국가	폭염 현황
스웨덴	100년 만의 폭염, 최고기온 34.6℃ 기록, 관측 사상 최고기온 기록
노르웨이	최고기온 33.5℃(마두포스, 7월 17일), 북부 밤 최저기온 25.2℃(마카르, 7월 18일) 기록
핀란드	최고기온 33.4℃(케보) 기록, 7월 기온 관측 사상 최고 기록, 사이마 호수 수심 1m 수온 27℃ 기록
아일랜드	최고기온 25℃ 이상 기록
영국	7월 기온 관측 사상 세 번째 기록, 7월 전반 강수량 47mm 기록
독일	최고기온 37℃ 기록
스페인	최고기온 47℃ 기록, 27개 주 폭염특보 발효, 북아프리카의 뜨거운 기단 영향
포르투갈	최고기온 47℃ 기록(알베가, 8월 4일), 16개 지역 최고기온 45℃ 기록
그리스	최고기온 40℃ 기록
러시아	서시베리아 최고기온 30℃ 기록, 평년대비 7℃ 이상 높은 기온 기록
알제리	사하라사막 최고기온 51.3℃(우아르글라, 7월 5일), 관측 사상 최고기온 기록
모로코	최고기온 43.4℃ 기록(7월 3일), 관측 사상 최고기온 기록
아르메니아	최고기온 42℃ 기록, 평년에 비해 최고 9℃ 이상 높은 기온, 7월 최고기온 기록(6월 29일~7월 12일)
오만	최저기온 42.6℃ 기록(6월 28일), 최저기온 세계 최고기록 경신
중국	동북부 최고기온 37.3℃ 기록(선양, 8월 1일), 20일 연속 고온경보 발령
대만	최고기온 40.3℃ 기록(텐샹, 7월 9일)
일본	최고기온 41.1℃(구마가야), 40.8℃(도쿄) 기록(7월 23일), 7월 기온 동부 관측 사상 최고, 서부 두 번째 기록
미국	최고기온 로스앤젤레스 48.9℃(7월 8일), 데스밸리 52.7℃(7월 24일) 기록, 각각 93년, 102년 만의 최고기온 기록
캐나다	퀘벡 폭염, 최고기온 37℃ 기록(여름 평년기온 21℃)

© 기상청

온열 질환에 의한 폭염 사망자 수 통계

구분	2011	2012	2013	2014	2015	2016	2017	2018
온열 질환자 수	443	984	1189	556	1056	2125	1574	4526
사망자 수	6	15	14	1	11	17	11	48

© 질병관리본부

고령의 노인들은 체온 조절 능력이 떨어지기 때문에 몸의 열기를 밖으로 배출하지 못해 숨지는 경우가 많았다. 폭염은 소리 없는 살인자로 불린다. 자연재해 하면 태풍이나 집중호우, 지진 등을 먼저 떠올리게 되는데, 단일 재해 가운데 가장 큰 사망자를 불러온 경우가 바로 1994년의 폭염이었다. 국립기상과학원이 1901년부터 2008년까지 국내에서 가장 큰 인명 피해를 불러온 기상재해를 분석한 결과다. 1994년 폭염의 초과 사망자 수는 3384명으로 1위를 차지했고, 2위는 1936년 태풍으로 인한 1104명, 3위는 2006년 홍수로 인한 844명 순이다. 초과 사망자는 평균적인 사망률 이상으로 발생한 사망자를 뜻하며, 특정 시기에 발생한 폭염이나 홍수, 태풍 등의 재난이 원인이 될 수 있어 연구자들이 많이 사용하는 통계다. 미국의 경우도 연평균 폭염 사망자는 120명 수준으로 허리케인보다 조금 더 많다. 기상과학원의 조사는 2008년까지를 대상으로 했기 때문에 아마 2018년 여름의 폭염 상황에 대한 추가 연구가 이뤄진다면 초과 사망자 수는 더 많을 수 있다.

2018년 여름은 기상 관측 사상 최악의 폭염이 한반도를 덮치며 인명 피해 역시 역대 최고를 기록했다. 질병관리본부 집계에 따르면 더위가 한풀 꺾인 9월을 기준으로 전국에서 4526명의 온열 질환자가 발생했고, 사망자는 48명에 이른다. 전국 평균 폭염 일수가 31.5일로 1994년(31.1일)보다 많았던 만큼 온열 질환 피해 역시 2011년 집계를 시작한 이후 가장 심각했다. 그러나 48명이라는 사망자 수가 '빙산의 일각'이라는 학계의 분석이 나왔다. 질병관리본부가 발표하는 온열 질환 감시체계는 전국의 응급실 520여 곳에서 열사병이나 일사병 등으로 사망한 경우를 집계한다. 수도권뿐만 아니라 지방의 병원 가운데 제대로 된 응급실을 갖추고 있다면 대부분 포함된다고 보면 된다. 직접적인 사인이 온열 질환인 사망자는 전국에서 100% 가까이 하루 단위로 집계되고 있지만, 문제는 응급실조차 찾지 못하고 사망한 다수의 경우와 폭염으로 건강이 악화해 숨진 경우가 포함되지 않는다

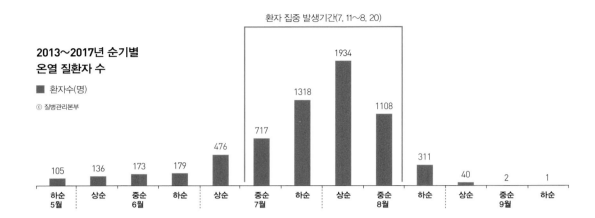

환자 집중 발생기간(7. 11~8. 20)

2013~2017년 순기별 온열 질환자 수

■ 환자수(명)
ⓒ 질병관리본부

하순 5월	상순	중순 6월	하순	상순	중순 7월	하순	상순	중순 8월	하순	상순	중순 9월	하순
105	136	173	179	476	717	1318	1934	1108	311	40	2	1

는 점이다. 전문가들은 폭염으로 인한 사망자는 특히 심혈관이나 호흡기 질환을 악화시키고 사망을 앞당길 수 있기 때문에 기저 질환이 악화해 숨진 사람들까지 포함해야 한다며 질병관리본부의 통계는 일부분만을 반영하는 통계라고 지적했다. 질병관리본부의 사망자 수 통계만 보다가는 폭염의 위험성을 간과하거나 축소할 수 있다는 얘기다. 이 때문에 폭염을 연구하는 학자들은 통계청에서 매년 발표하는 사망 원인 통계를 활용한다. 전국의 모든 사망자를 대상으로, 사망 원인이 '온열 질환'이나 '과도한 일광(고온) 노출'이라는 코드로 분류되는 경우를 산출해 가장 신뢰도가 높다.

실제 폭염 사망자, 응급실 집계보다 3배 이상 많았다

질병관리본부의 온열 질환 사망자 수와 통계청의 사망자 수를 비교해 보면 어떤 결과가 나올까. 질병관리본부가 온열 질환 감시체계를 처음 갖춘 2011년 온열 질환 사망자는 전국적으로 6명이었다. 그러나 그해 통계청의 사망자 수는 24명으로 4배 많았다. 이후에도 3배에서 최대 6배까지 사망자 수가 차이가 난다. 그렇다면 왜 통계청 자료를 보지 않고 질병관리본부의 자료를 주로 발표하는 걸까. 질병관리본부는 전국 응급실에 들어오는 실시간 온열 질환 환자 수와 사망자 수를 집계하므로 폭염 관련 대책을 세우는 데 활용할 수 있지만, 통계청 집계는 보통 1년 이상 걸리기 때문이다. 통계

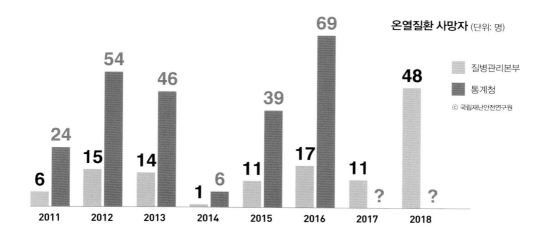

온열질환 사망자 (단위: 명)

- 질병관리본부
- 통계청

ⓒ 국립재난안전연구원

	2011	2012	2013	2014	2015	2016	2017	2018
질병관리본부	6	15	14	1	11	17	11	48
통계청	24	54	46	6	39	69	?	?

청 자료는 2018년 당시 2016년까지밖에 나와 있지 않아서 비교할 수 없었다. 그러나 질병관리본부보다 통계청 사망자가 훨씬 많은 수일 거라고 예측된다. 질병관리본부가 전국 응급실의 95%가 넘는 곳에서 실시간으로 집계하고 있지만, 아직 전국적인 폭염 피해를 모두 반영하지는 못하는 실정이다. 같은 기간인데도 통계청 사망자 집계와 3배 이상 차이가 발생하고 있다. 응급실 온열 질환 사망자는 더위의 추세에 따라 즉각적으로 반응하는 지표의 성격을 지니며, 수면 아래에 가려져 있는 실제 사망자가 어느 정도인지 추측할 수 있게 해 준다.

2018년은 장마가 일찍 끝나고 7월부터 더웠다. 아직 더위에 적응이 안 된 상태라 여름의 초반부터 많은 사망자가 나왔다. 행정안전부 인구 통계에 따르면, 7월 초과 사망는 이미 3188명으로 집계됐다. 8월에는 이보다 많은 3872명으로 나타나 두 달을 합치면 7060명이나 된다. 지난 10년간(2008~2017년) 평균적으로 사망하던 숫자에 비해 15% 이상 증가한 것인데, 늘어난 사망자가 모두 폭염에 의한 사망이라고 단정할 수는 없지만 폭염을 제외한 특별한 요인이 많지 않았다는 점에 학계에서 주목하고 있다. 초과 사망자에는 폭염으로 인한 직접적인 피해뿐 아니라 기존 질병의 악화 등 간접적인 원인에 의한 사망도 포함돼 있기 때문이다. 통계청 집계에 따르면, 1994년 폭염으로 전국에서 94명이 사망했다. 아직 질병관리본부의 감시가 시작되기 전이다. 당시 초과 사망자는 3384명으로 자연재해 가

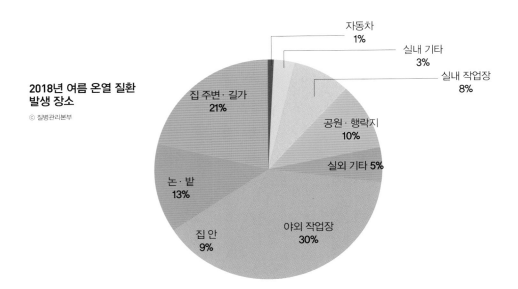

2018년 여름 온열 질환
발생 장소
ⓒ 질병관리본부

자동차 1%
실내 기타 3%
실내 작업장 8%
공원·행락지 10%
실외 기타 5%
야외 작업장 30%
집 안 9%
논·밭 13%
집 주변·길가 21%

운데 최악의 인명 피해를 기록했다. 그런데 2018년 폭염은 초과 사망자로 봤을 때 이미 1994년 수준을 뛰어넘었고, 통계청 조사에 의한 사망자 수도 응급실 집계(48명)보다 많은 세 자리 수로 역대 1위를 차지할 가능성이 매우 높다. 기후 변화로 폭염이 잦아지면 2040년대에 열사병 사망자 수가 지금보다 5배 이상 많아질 것이라는 예측이 나왔다. 2050년 무렵엔 한 해에 244~261명이 죽는 대규모 폭염이 몰아닥칠 수 있다고 학자들은 경고한다. 폭염 일수가 증가할 때 폭염 사망자 수는 지수함수에 가깝게 급격히 늘어나는 것으로 추정된다.

폭염도 재난으로 지정… 보상받을 수 있게 돼

전문가들은 기후 변화로 매년 찾아오는 폭염은 이제 '예고된 재난'이라며 사망자를 줄이기 위한 실질적인 대책이 마련돼야 한다고 강조한다. 폭염 취약층은 사회적으로 고립되고 병든 노인, 스스로 움직이기 어려운 장애인, 에어컨 등 냉방시설을 갖추지 못한 사회 취약계층, 외국인 노동자 등으로 우리 사회의 어두운 곳에 존재한다. 그렇기 때문에 지자체를 중심으로 이들 취약계층을 위험집단으로 관리하고 피해를 사전에 막아야 한다는 얘기다. 하지만 폭염은 그동안 우리나라에서 법적으로 '재난'이 아니었다. 태풍이나 홍수, 가뭄 같은 법적 재난은 정부가 나서서 책임지고 상황을 관리해야 한다. 반면 폭염은 재난이 아니므로 개인이 알아서 조심하는 수밖에 없다. 2012년 국회에서 네 차례에 걸쳐 폭염을 법적 재난에 포함시키려고 발의를 했으나 모두 실패했다. 폭염으로 인한 피해는 각각 연령, 개인의 건강상태나 주변 환경 등에 따라 피해의 정도가 다르게 나타나고, 외출을 자제하는 식으로 개인의 주의 여하에 따라 피해 예방이 어느 정도 가능하다는 게 국회 안전행정위원회가 법안통과를 거부한 이유였다.

폭염으로 인한 피해가 연령이나 개인의 건강상태에 따라 달라진다는 말은 맞지만, 개인이 조심하면 피해를 예방할 수 있다는 말에는 크나큰 함정이 있다. 폭염 피해가 집중되는 집단은 도시의 쪽방에서 선풍기도 없이 여름을 지내야 하는 노인층과 독거노인, 만성질환자, 생계를 위해 뙤약볕에 논밭을 매는 노인들이다. 특히 우리나라는 전 세계 어느 나라보다 고령화가 빠르게 진행되고 있다. 지금도 폭염 사망자 중에서 60세 이상 고령자가 절반을 넘는다. 우리보다 일찍 고령화가 진행된 일본의 경우 연평균 온열 질환 사망자는 200명 가까이 발생하고 있다. 우리는 아직 세 자리 수를 넘지 않았지만, 곧 일본 수준으로 증가할 거라는 우려가 커지고 있다. 결국 2018년 여름 지독한 더위를 경험한 뒤 폭염을 자연재난으로 추가하는 '재난 및 안전관리 기본법' 개정안이 의결됐다. 현행 법안에서는 태풍, 홍수, 호우, 대설, 가뭄, 지진, 황사 등이 재난으로 규정돼 있는데, 개정안이 통과되면서 폭염과 한파가 추가됐다. 폭염과 한파에 대한 예방과 지원, 보상 등 국가적인 대책이 마련되고, 2018년 7월 1일 이후의 폭염은 소급 적용이 되며 폭염 피해자들은 보상받을 수 있게 됐다.

정말 폭염 피해 줄이려면?

폭염이 재난으로 지정된 것은 늦었지만 반가운 소식이다. 그러나 아직 우리나라에는 극한 폭염 상황에 대한 위기관리 매뉴얼이 없다. 프랑스에서는 국가 폭염 대응 단계를 4단계로 구분한다. 3단계까지는 각 지역에서 상황을 관리하지만 전국적으로 폭염이 극심해지면 총리가 4단계를 발령

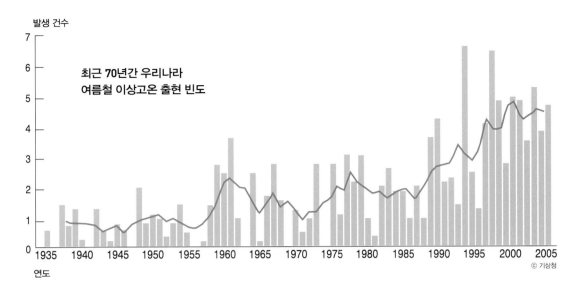

발생 건수

최근 **70년간 우리나라**
여름철 이상고온 출현 빈도

연도

ⓒ 기상청

하고 직접 재난 관리에 나선다. 우리나라에는 폭염주의보와 경보를 발표하기긴 하지만 40℃ 이상의 '슈퍼폭염'이 10일 이상 지속되는 식의 극한 상황이 닥쳤을 때에는 어떻게 해야 하는지 딱히 대처 매뉴얼이 없다. 33℃와 35℃의 폭염특보 기준도 40℃ 안팎의 극한 폭염을 겪은 상황에서 너무 낮고 한가롭게 느껴지는 것도 문제다.

2018년에는 35℃ 이상의 폭염경보가 평균 한 달 넘게 전국적으로 계속됐다. 따라서 35℃를 뛰어넘는 상황이 장기간 이어질 것으로 예상될 때는 폭염경보보다 더 강력한 대책과 구속력을 지니는 중대경보를 내리는 등의 폭염특보제 보완도 고려해야 한다. 예를 들어 폭염 중대경보가 내려진 40℃의 한낮 더위에도 야외 작업을 중단시키지 않는 공사현장이 발견되면 강력한 처벌을 내리는 식으로 법적 조치가 마련돼야 할 것이다.

또 관공서나 마을회관 등지에 마련된 무더위 쉼터를 찾아올 수 없는 고립된 계층을 고려해 7~8월 두 달간 머물 수 있는 임시 거주지를 마련하는 것도 대안이 될 수 있다. 자원봉사자를 이용해 혼자 사는 가정의 방문과 보건 서비스 등을 강화하는 식의 방법도 있다. 전국에서 '물을 많이 마시고 야외 활동 피하세요'처럼 획일적인 구호만 외칠 것이 아니라 도시와 농촌 등 지역에 따라, 질환 유무에 따라 차별화된 대책을 마련해야 하며 좀 더 적극적인 대책이 필요하다.

2009년부터 2012년 서울 지역의 사망자 3만 3544명 대상으로 조사한

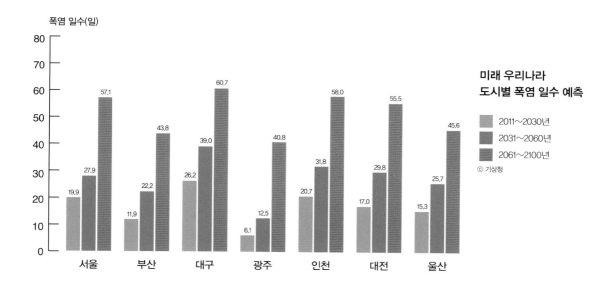

폭염 일수(일)

미래 우리나라
도시별 폭염 일수 예측

2011~2030년
2031~2060년
2061~2100년

ⓒ 기상청

결과 폭염에 따른 사망 위험은 교육수준이 낮고 가난한 사람이 평균보다 18% 높게 나타났다. 해외의 경우에도 1995년 미국 시카고 폭염과 2003년 유럽 폭염의 피해자들은 대부분 열악한 환경에서 혼자 고립돼 생활하는 빈곤층 노인들이었다. 유럽의 경우 500년에 한 번 나타날 만한 열파가 찾아와 고온으로 인한 사망자 수가 프랑스에서만 1만 4800명에 이르렀고 유럽 전체에서 5만 2000명을 초과했다. 당시 일 최고기온이 40℃를 초과한 관측소가 90개, 45℃가 넘은 곳도 있어 피해가 심각했다.

폭염에 의한 피해는 개인의 부주의 때문이 아니라 사회의 안전망이 미치지 않는 곳에서 발생한다. 금세기 후반에는 폭염 일수가 지금보다 2~4배 증가해 연중 33℃를 넘는 폭염 일수가 60일에 이를 것으로 전망된다. 폭염은 피할 수 없는 재난이기 때문에 앞으로 사회의 안전망을 얼마나 튼튼하게 구축하느냐에 따라 폭염 피해도 하늘과 땅 차이로 달라질 수 있다는 점을 명심해야 한다.

ISSUE 4

디지털 포렌식

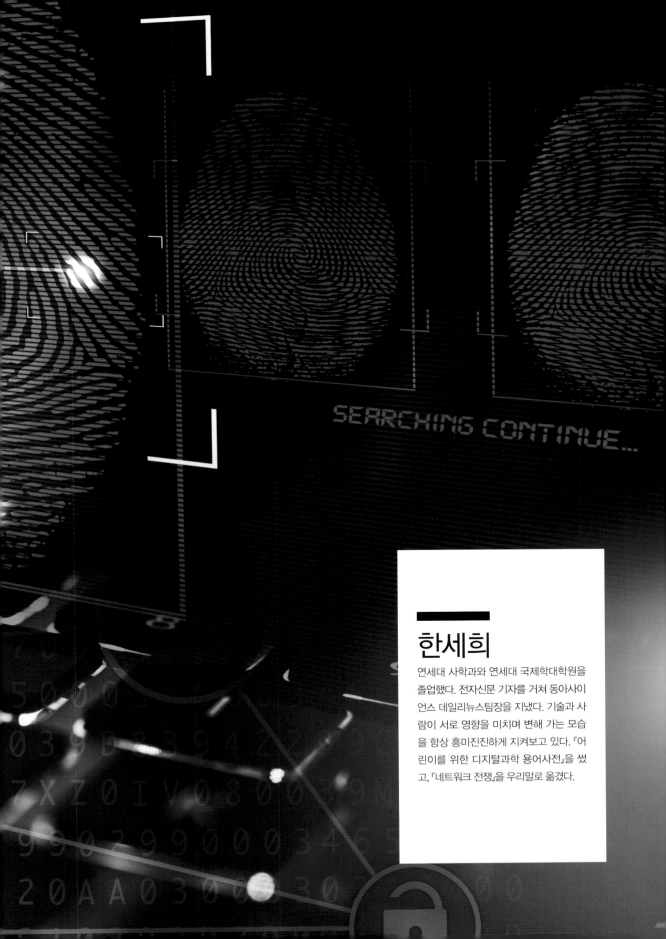

SEARCHING CONTINUE...

한세희

연세대 사학과와 연세대 국제학대학원을
졸업했다. 전자신문 기자를 거쳐 동아사이
언스 데일리뉴스팀장을 지냈다. 기술과 사
람이 서로 영향을 미치며 변해 가는 모습
을 항상 흥미진진하게 지켜보고 있다. 『어
린이를 위한 디지털과학 용어사전』을 썼
고, 『네트워크 전쟁』을 우리말로 옮겼다.

휴대전화는 말을 한다,
창과 방패의 싸움!

다양한 디지털
저장매체가 포렌식의
대상이 될 수 있다.

"시체는 말을 한다."

법의학자라면 아마 이렇게 말할 것이다. 시체를 부검하면 알 수 있는 것이 많기 때문이다. 무엇이 그를 죽음으로 몰고 갔는지, 죽음 당시의 상황은 어땠는지에 대한 정보를 얻을 수 있다. 시체뿐 아니라 현장에 남은 혈흔이나 머리카락도 범인이 누구인지 가리킨다. 법의학은 이렇게 흩어진 증거들을 모아 범행의 퍼즐을 맞춘다.

여기에 더해 현대의 수사관은 아마 이런 말을 할 것이다.

"휴대전화는 말을 한다."

오늘날 범죄 수사에서 부검만큼 중요한 것이 바로 범인이나 용의자의 휴대전화 확보다. 스마트폰은 이제 우리의 모든 것을 담는 만능 블랙박스가 됐기 때문이다. 이메일이나 문자, 메신저로 누구와 어떤 내용으로 연락을 주고받았는지, 어디를 다니며 누구와 어떤 사진을 찍었는지, 구글이나 네이버에서 무엇을 검색했는지 모두 알 수 있다. 수사의 핵심이 될 수밖에 없다.

2017년 10대 여학생이 공원에서 초등학생을 유괴한 뒤 살해해 충격을 안긴 인천 초등학생 살인 사건의 범인이 덜미를 잡힌 것도 스마트폰 분석 덕분이다. 범인은 "(피해자가 휴대전화를 쓰게 해 달라고 부탁했는데) 배터리가 방전돼 집 전화를 쓰게 하기 위해 집에 데려간 것"이라고 주장했다. 그러나 휴대전화 분석 결과 당시 배터리는 방전 상태가 아닌 것으로 나타났다. 범인은 정신병으로 인해 충동적으로 살해했다고 주장했지만, 그는 공원에서 스마트폰으로 '초등학교 하교 시간', '주간학습 안내서' 등을 검색했다. 공범은 범행 사실을 몰랐다고 주장했으나, 삭제된 통화 기록을 복구하자 범인과의 통화 사실이 드러났다.

이처럼 디지털 기기의 정보를 수집하고 분석해 어떤 사건의 원인과 과정을 밝혀내는 활동을 '디지털 포렌식(digital forensics)'이라고 한다. 포렌식(forensic)은 '법의학적인', '범죄 과학 수사의' 정도의 뜻을 가진 영어 단어이다. 사고로 사망한 사람의 시체를 부검하거나 현장에 남은 혈흔, 머리카락 등의 증거를 분석해 범죄의 진실에 다가서는 작업을 말한다. 스마트폰을 분석해 안에 담긴 사진이나 통화 내역 등의 각종 데이터를 샅샅이 들여다보는 작업은 시신을 부검하는 것과 마찬가지다. 말 그대로 '디지털 법의학'인 셈이다. 컴퓨터가 가정과 기업에 널리 보급되고, 인터넷으로 세상 모든 컴퓨터가 연결되고, 사람들의 일거수일투족이 스마트폰에 담기는 세상에서 디지털 포렌식의 중요성이 커지는 것은 당연한 일이라 하겠다.

디지털 포렌식이란?

디지털 포렌식은 개인용 컴퓨터(PC)나 스마트폰 등 디지털 기기나 저장 매체, 네트워크, 인터넷 등에 남아 있는 각종 디지털 정보를 적절하게 복구하거나 수집한 뒤 분석해 범죄 단서를 찾는 수사 기법을 말

CRIME · SCENE

폴리스 라인을 치고 현장의
증거가 오염되지 않도록 하는
것처럼, 디지털 기기와 관련된
범죄에서도 컴퓨터, 휴대전화
등의 핵심 증거를 손상되지 않은
상태로 확보해야 한다.

한다. 법의학을 뜻하는 단어 '포렌식'이란 말이 들어간 데서 알 수 있듯
디지털 포렌식이란 범죄 사건의 증거를 찾는 행위이고, 특히 법정에서
적법하게 쓸 수 있는 증거를 수집한다는 의미가 있다. 그러나 최근에는
범죄와 상관없이 기업 회계 같은 민간 영역에서 분쟁을 해소하거나 감
사를 하기 위해 디지털 정보를 수집하는 행위까지 포함하는 광범위한
의미를 담게 됐다.

디지털 포렌식은 컴퓨터의 확산과 함께 성장해 온 분야이다. 1970
년대 말에서 1980년대에 걸쳐 기업과 가정에 컴퓨터가 보급되기 시작
하면서 컴퓨터를 이용한 범죄도 등장하기 시작했다. 컴퓨터 범죄의 종
류 역시 데이터의 불법 변조나 삭제, 저작권 침해, 사이버 괴롭힘, 아
동 포르노 등으로 다양해졌다. 1978년 미국 플로리다주에서 컴퓨터 관
련 범죄를 규정한 '컴퓨터 범죄 법(Computer Crimes Act)'이 제정된 것
을 시작으로 1980년대에는 미국, 캐나다, 영국, 오스트레일리아 등에
서 관련 범죄를 다루는 법률이 만들어졌다. 1980년대에는 경찰 등 수
사 기관도 컴퓨터 범죄에 대응하기 위해 전문 대응 조직을 갖추기 시작

했다. 미국 연방수사국(FBI)에 컴퓨터 분석 대응팀(Computer Analysis and Response Team)이 처음 생긴 것은 1984년이었다. 이후 IT의 발달과 함께 좀 더 전문적인 수사 기법을 개발하고 전문 수사관을 육성할 필요성도 커져 갔다. 컴퓨터 포렌식을 독자적인 방법론과 접근법을 가진 법의학의 한 분야로 자리매김시키려는 노력도 이어졌다. '컴퓨터 포렌식'이란 용어는 1991년 미국 국제컴퓨터조사전문가협회(International Association of Computer Investigative Specialists, IACIS)에서 처음 쓰인 것으로 알려졌고, 학술 논문에 처음 등장한 것은 1992년이었다.

처음에는 컴퓨터와 하드디스크 같은 컴퓨터 저장 매체를 주로 다루는 '컴퓨터 포렌식' 위주였으나 네트워크 기술의 발달, 인터넷 확산, 스마트폰 보급, 다양한 디지털 저장 매체의 등장에 따라 점차 적용 범위가 넓어졌다. 오늘날엔 디지털 기기와 매체, 인터넷 등을 포괄해 디지털 포렌식이라는 용어가 널리 쓰이고 있다.

'로카르드의 교환 법칙'과 라이브 대응

프랑스의 범죄학자 에드몽 로카르드의 이름을 딴 '로카르드의 교환 법칙'이 있다. '접촉하는 두 개체는 서로의 흔적을 주고받는다'라는 뜻으로, 오늘날 과학 수사의 기본 명제라 할 수 있다. 환경 속에서 움직이는 존재는 그 과정에서 반드시 그 행동을 보여주는 흔적을 남긴다는 말이다. 아무리 조심스럽게 움직인 범죄자도 현장에 발자국을 남기고 머리카락을 떨어뜨리며, 아무리 깨끗하게 현장을 정리했어도 어딘가에 핏자국이 남아 있을 수 있다. 수사관들은 이러한 접촉의 흔적을 찾아 사건을 재구성한다.

디지털 포렌식 역시 마찬가지다. 컴퓨터 기기나 네트워크에 접속하면 반드시 흔적이 남는다. 컴퓨터에는 웹에 접속한 기록, USB 드라이브 등 이동식 저장장치를 사용한 흔적, 레지스트리나 시스템에 접근한 기록 등이 로그 파일로 남겨진다. 네트워크에는 인터넷에 접속한 IP의

과학수사를 개척한 프랑스의 범죄학자 에드몽 로카르드.

수사를 위해 입수한 휴대전화가 비닐 백 안에 보관돼 있다. 증거는 엄격한 절차에 의해 관리된다.

기록이 남고, 휴대전화로 촬영한 사진에는 촬영 장소와 시간 등이 담긴 메타 데이터가 남는다. 웹사이트가 사용자의 PC에 쿠키를 심어놓을 수도 있다. 이러한 흔적들을 바탕으로 수사관들은 디지털 공간에서 어떤 일이 벌어졌는지 추적해 나가는 것이다. 제대로 된 수사를 하기 위해서 우선 손상되지 않은 상태로 기기를 확보하는 것이 필수다. 이것은 마치 사건 현장에 폴리스 라인을 치는 것과 같다. 사건이 벌어진 장소에 폴리스 라인을 치고 사람들의 접근을 막아 현장의 증거가 오염되지 않게 하는 것과 마찬가지로, 디지털 기기와 관련된 범죄가 터지면 컴퓨터나 휴대전화 등의 핵심 증거를 확보하고 이 증거가 손상되지 않은 상태에서 조사에 착수해야 한다. 디지털 기기는 작동 과정에서 데이터를 처리하거나 저장하면서, 혹은 외부 네트워크에 접속하면서 상태가 달라질 수 있기에 각별한 주의가 필요하다.

범죄와 관련된 자료가 저장돼 있으리라 생각되는 컴퓨터를 압수 수색하는 경우를 생각해 보자. 수사관이 작동하는 컴퓨터를 만지고 무엇인가 확인하는 그 순간에도 컴퓨터 내부의 파일 구조는 미세하게 변화한다. 이러한 상황에서 문제의 하드디스크를 신뢰할 수 있는 증거로서 적절하게 처리해야 한다. 수사관들은 일단 컴퓨터를 연구실로 가져가야 할지, 컴퓨터가 작동 중인 상태에서 계속 분석을 해야 할지 결정해야 한다. 컴퓨터를 연구실로 가져갈 경우, 정상적인 종료 절차를 밟지 않고 전원 플러그를 바로 뽑아 버린다. 일반적인 방법으로 전원을 끄면 종료 과정에서 수사에 도움이 될 수 있는 임시파일 등이 사라질 우려가 있기 때문이다.

최근에는 컴퓨터가 동작하는 상태에서 분석을 수행하며 증거를 수집하는 '라이브 대응'도 많이 실시된다. 컴퓨터를 종료하면 사라지는 수많은 데이터들에 라이브 대응을 통해 접근할 수 있다. 컴퓨터 주기억장치인 램(RAM) 메모리에 저장된 정보를 얻을 수 있

하드디스크의 구조

4개 섹터의 클러스터

섹터

읽기 · 쓰기용 헤드

트랙

플래터

는 것도 장점 중 하나다. 램은 컴퓨터가 실행되는 동안 필요한 정보를 저장하고, 필요할 때마다 중앙연산장치(CPU)에 전달하는 역할을 한다. 처리 속도가 느린 하드디스크에서 시스템 운용 및 응용 프로그램 실행에 필요한 정보를 가져와 CPU가 빠르게 가져다 쓸 수 있도록 하는 것이다. 읽고 쓰는 속도가 빠르기 때문에 이런 역할을 할 수 있지만, 전원 공급이 끊기면 데이터도 사라진다는 약점도 있다. 이렇게 전원이 끊기면 사라지는 데이터를 휘발성 데이터라 한다. 반면 하드디스크 등에 담긴 정보는 전원 공급과 상관없이 디스크에 남아 있다. 라이브 대응은 램에 담긴 주요한 정보들을 유실하지 않고 확보할 가능성을 높여준다. 컴퓨터 메모리에서 패스워드를 찾아내거나 암호화된 디스크 영역을 살펴볼 수도 있다(많은 해커들이 외부 컴퓨터에 침입한 뒤, 패스워드가 메모리에 올라오는 순간을 노려 비밀번호를 채 가는 것을 역이용하는 셈이다). 컴퓨터가 인터넷에 접속되어 있는 경우에도 라이브 대응을 통해 유용한 정보를 얻을 수 있다.

　　라이브 대응을 하기 위해서는 메모리의 데이터를 얻어내는 '메모리 덤프'라는 과정을 주로 거친다. 조사하려는 컴퓨터 시스템에 USB 같은 저장장치를 직접 연결해 메모리 데이터를 얻은 뒤 전용 소프트웨어로 분석하는 방법과 외부에서 원격 접속하는 방법 등이 쓰인다. 메모리에 담긴 정보를 확보하는 도구로는 FTK 이매저(Imager)나 윈프멤(Winpmem) 등의 소프트웨어가 대표적이다.

하드디스크 포렌식, 이미징 vs 복제

　　이렇게 컴퓨터를 확보한 뒤에는 분석 작업을 해야 한다. 데이터가 담긴 하드디스크를 조사하는 것이 우선 과제다. 컴퓨터에 작성한 대부분의 데이터가 저장되는 곳이기 때문이다. 하드디스크는 직접 조사하지 않고, 복사본을 만들어 백업한 뒤 이 복사본을 분석한다. 원본 증거물의 훼손을 막기 위해서다. 하드디스크의 모든 것을 완벽하게 다른 저장장

태블로(Tableau) TD3 포렌식 이매저. 물리적 장치의 섹터 포렌식 이미지를 통해 일반적인 컴퓨터 포렌식 파일 형태로 섹터를 확보하는 도구다.

디지털 포렌식 작업을 하기
위해 전용 장비로 하드디스크의
이미지를 뜨고 있다.

치에 백업하기 위해 '디스크 이미징(disk imaging)'이란 기술이 쓰인다. 하드디스크 드라이브 내부 전체의 파일과 디렉토리는 물론 데이터가 저장되는 물리적 섹터까지 그대로 복제해 특수한 이미지 파일 형태로 획득하는 것을 말한다. 다시 말해 원본 저장매체에 담긴 논리적 데이터뿐 아니라 물리적 구조까지 모든 것을 그대로 옮겨 하나의 파일로 만드는 셈이다. 이를 통해 하드디스크 내부의 할당되지 않은 공간처럼 일반 사용자가 컴퓨터를 쓸 때에는 사용하지 않는 공간에 접근할 수 있으며, 삭제된 파일도 복구할 수 있다. 이미징과 비슷한 작업으로 '복제(cloning)'가 있다. 복제는 이미징과 마찬가지로 드라이브의 모든 논리적, 물리적 데이터를 그대로 재현해 다른 저장매체에 옮기는 것이다. 원본 드라이브와 똑같은 저장매체가 하나 더 생기는 셈이지만, 이 매체는 포렌식을 위해 분석하기가 여의치 않다. 포렌식을 좀 더 쉽게 하기 위해 어차피 이미지 파일이 필요해지는 것이다.

조사하려는 저장매체에 담긴 파일을 단순히 복사하는 것으로는 포렌식 용도로 사용할 수 없다. 일반적으로 컴퓨터를 쓰며 파일을 삭제하거나 복사할 때에는 사실 데이터가 저장매체에서 실제로 사라지거나 이동하는 것이 아니다. 단지 지워진 파일이라는 논리적 표시만 해 두는 것이다. 복사는 이런 논리적 데이터만 복사해 오는 것이기 때문에, 저장매체의 실제 물리적 섹터를 분석해 삭제된 데이터를 복구하는 등의 작업이 불가능하다. 전용 소프트웨어나 하드웨어를 이용해 하드디스크의 이미지를 뜬 뒤에는 이 복제본이 원본과 완전히 일치하도록 한 상태에서 보관해야 한다. 그렇지 않으면 데이터가 변형되거나 삭제됐다는 논란이 일어나 증거 능력을 의심받을 수 있기 때문이다.

데이터가 변형되지 않았음을 증명하기 위해 수학의 함수를 응용한 암호 기법이 많이 쓰인다. 원본 데이터의 내용을 특정 해시 함수에 적용해 얻은 해시 값을 사본의 해시 값과 비교해 보는 것이다. 해시 함수는 애초에 적용된 데이터가 다르면 해시 값도 전혀 다르게 나오는 특성이 있으므로, 원본 데이터를 적용한 해시 값과의 비교를 통해 원본 데이터에 변형이 가해졌는지 쉽게 확인할 수 있다. 또 데이터를 복사하는 저장장치에는 쓰기 방지 기능을 적용해 복제 과정에서 원본 훼손을 막아야 한다. 물론 조사의 각 단계마다 발생한 일, 참여한 수사관, 사용 도구 목록 등을 정확히 문서화하는 식의 작업도 포렌식 과정의 필수다.

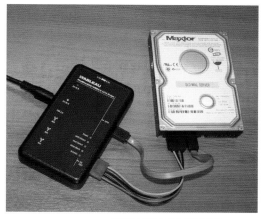

하드디스크 드라이브에 연결돼 있는 휴대용 포렌식 쓰기 방지 장치. 복제 과정에서 원본 훼손을 막는다.

이렇게 얻은 사본을 대상으로 전용 소프트웨어와 하드웨어를 사용해 분석 작업에 들어간다. 엔케이스(EnCase)나 세이프백(SafeBack) 같은 여러 전문 소프트웨어가 사용된다. 저장매체에 담긴 데이터를 분석하고, 혹시 용의자가 하드디스크를 손상시킨 경우에는 최대한 데이터 복구를 시도한다. 하드디스크는 크게 실린더와 헤드, 섹터의 3부분으로 나뉘는데, 실제 데이터가 저장되는 곳은 섹터이다. 섹터가 손상되지 않았다면 섹터에 담겨 있던 데이터를 복원할 수 있다. 디스크를 포맷했더라도 데이터는 살릴 수 있다. 실제로 파일이 모두 사라지는 것은 아니고, 파일의 일부만 삭제해 파일이 저장돼 있던 공간을 빈 공간으로 인식하는 것이기 때문이다. 데이터가 삭제되면서 남기는 '자기 잔상'을 이용해 삭제된 데이터를 복구할 수 있다.

휴대전화 포렌식은 어떻게?

하드디스크나 메모리 등 컴퓨터 저장장치에 대한 디지털 포렌식은 대중들에게도 가장 널리 알려진 분야이다. 그러나 디지털 포렌식은 다양한 디지털 저장매체 및 인터넷, 네트워크를 대상으로 실시된다. 컴퓨터 외에 스마트폰 같은 모바일 기기나 네트워크 장비, 클라우드 컴퓨팅 서비스를 제공하는 서버 등도 디지털 포렌식의 대상이 될 수 있다. 디지털 이미지도 포렌식 작업의 주요 대상 중 하나다. 인터넷을 타고 확

아이폰이 연결된 RTL
아세소(Aceso) 휴대전화
포렌식 장치.

산되는 아동 포르노 수사나 이미지 속에 몰래 디지털 데이터를 숨기는 스테가노그래피 등에 대응하는 데 꼭 필요하다.

특히 요즘 가장 중요한 분야 중 하나가 스마트폰 같은 모바일 기기에 대한 포렌식이다. 스마트폰은 사용자가 늘 지니고 다니는 물건일 뿐 아니라 사용자의 삶을 거의 그대로 기록하는 블랙박스나 다름없기 때문이다. 사용자의 위치와 동선, 주고받은 이메일과 문자, 지인들의 연락처, 통화 내역, 카카오톡 등의 메시지 전송 내역, 검색 기록, 방문한 웹사이트, 촬영한 사진과 동영상, 소셜미디어에서의 발언 내용 등을 모두 담고 있다. 그래서 '휴대전화 포렌식은 불륜을 밝히기 위해 배우자의 전화를 조사하려는 사람들 덕분에 성장해 왔다'는 웃지 못할 말이 나오는 것도 사실이다. 최근 들어서는 범죄자나 사회적 논란이 된 사건 당사자들의 카카오톡이나 문자 대화 내용은 언제나 사건의 진상이나 여론의 향방을 결정하는 역할을 하고 있다. 삭제된 메신저 대화나 사진의 복구는 사건을 해결하기 위한 필수 과정이 됐다. 네이버 뉴스 댓글의 추천 및 공감을 조직적으로 조작해 지난 대선에 개입한 이른바 '드루킹 사건'에서도 드루킹이 문재인 대통령의 최측근인 김경수 경남도지사와 주고받은 메신저 대화 내용이 논란이 된 바 있다.

스마트폰에 대한 포렌식 역시 컴퓨터에 대한 포렌식과 큰 차이는 없다. 포렌식의 대상은 컴퓨터나 휴대전화, 네트워크나 디지털 이미지 등으로 다양하지만, 문제가 되는 기기나 저장매체, 그 안의 필요한 데이터를 식별하고, 적절한 절차와 기술로 수집·검사·분석해야 한다는 점은 마찬가지다. 내장된 저장매체에 담긴 데이터와 사진, 파일 등을 조사하고, 시스템 파일에서 특이한 점을 찾는다. 여기에 더해 법원 영장을 발부받아 통신사에서 통화 내역이나 대략의 이동 경로 등도 파악할 수 있다. 컴퓨터 하드디스크나 메모리 포렌식을 위한 전용 소프트웨어나 하드웨어가 있는 것처럼 휴대전화에 포렌식 작업을 할 수 있는 도구들도 널리 쓰인다. 다만 컴퓨터 포렌식의 경우 주로 쓰이는 몇몇 도구들로 대부분의 하드디스크와 메모리 등을 조사할 수 있지만, 휴대전화 포렌식의 경우 아직 다양한 종류의 수많은 휴대전화를 모두 이미지 뜰 수 있는 도구는 아직 찾기 힘든 상황이다. 기술의 발달과 함께 모바일 기기의 포렌식 기법도 계속 발전해 나갈 전망이다.

증거를 찾으려는 수사관과 이를 숨기려는 범죄자의 싸움은 언제나 치열하다. 컴퓨터 하드디스크와 같은 디지털 저장매체를 조사하는 디지털 포렌식 분야에서도 마찬가지다.

디지털 포렌식 작업을 위한 기술적 측면도 중요하지만, 이렇게 얻은 자료들은 다시 법적 절차를 거쳐 제대로 보고되고 처리돼야 한다는 점도 마찬가지로 중요하다. 범죄의 증거 등 민감한 사안을 다루는 만큼 논란의 여지없이 법정에서 제대로 된 판단을 내릴 수 있도록 투명하고 정확한 절차를 따라야 하기 때문이다.

디가우징 등 증거인멸 수법, 안티 포렌식

하루 종일 스마트폰을 끼고 살며, 컴퓨터로 업무를 처리하는 현대인은 수많은 디지털 흔적을 곳곳에 흘리고 다닌다. 범죄를 저지르는 사람도 예외는 아니다. 범죄자의 일거수일투족은 디지털 공간에 흔적을 남기며, 범죄의 순간에 대한 정보도 마찬가지다. 범죄를 계획하기 위해 인터넷에서 자료를 찾은 흔적, 공범과 메신저로 대화하며 범죄를 모의한 정황, 범죄 시점에 잡힌 휴대전화 위치 기록, 현장을 빠져나가는 CCTV 영상 등 각종 디지털 정보가 고스란히 남기 마련이다.

당연히 범죄자도 디지털 공간에 남긴 흔적을 최대한 지우거나 숨기거나, 처음부터 흔적을 남기지 않기 위해 더 많은 노력을 하고 있다. 디지털 포렌식을 통해 진실의 실마리를 밝히려는 수사관과 포렌식을 방해하는 '안티 포렌식(anti-forensics)'을 시도하는 범죄자와의 또 다른 싸움이 시작되는 것이다. 안티 포렌식은 디지털 정보의 수집을 방해하거나 데이터로서의 가치를 상실하도록 심하게 훼손시키는 것, 사용 흔적에 접근하지 못하게 방해하는 것, 분석 시간이 오래 걸리도록 해 다른 대책을 세울 시간을 버는 행동 등 다양한 활동을 포괄한다. 물론 이

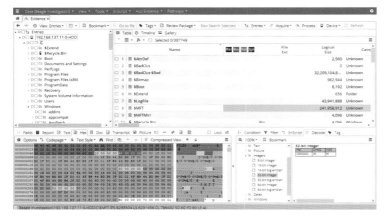

디지털 포렌식 소프트웨어
'인케이스(EnCase)'를 사용해
하드디스크를 분석한 모습.
ⓒ 오픈텍스트 블로그

는 증거를 찾으려는 수사관과 숨기려는 범죄자의 관점에서 바라본 것이다. 실제 안티 포렌식 기술은 민감한 개인정보나 기밀을 안전하게 지키기 위한 정보보안 기술이기도 하다. 당신의 기업이 탈세나 부패, 담합 등 어떤 범죄에 대해 혐의를 받고 있다고 해 보자. 조만간 압수수색 영장이 발부되어 수사관이 들이닥칠 것이 확실하다. 담합을 논의하기 위해 그동안 주고받은 이메일, 회계 조작의 증거가 담긴 엑셀 파일, 가짜 기안 서류 등의 증거들이 모두 사무실 컴퓨터에 담겨 있을 것이다.

컴퓨터 하드디스크에 저장된 방대한 파일들을 꼼꼼히 분석하면 실제 범죄의 증거나 사건을 둘러싼 정황 등을 파악할 수 있다. 그래서 하드디스크를 분석하는 다양한 기술들이 꾸준히 연구 개발되어 실제 수사 현장에서 쓰이고 있다. 당신은 이제 어떻게 할 것인가. 당연히 하드디스크 속 정보를 다른 사람이 보지 못하게 하고 싶을 것이다. 방법이 몇 가지 있다. 우선 하드디스크를 물리적으로 때려 부수는 방법이 있다. 컴퓨터에서 하드디스크를 꺼내어 망치로 두들겨 부수는 장면이 떠오르는가. 하지만 망치질로는 충분하지 않을 것이다. 하드디스크 내 섹터 부분이 살아 있다면, 데이터가 복구될 가능성이 있다.

그래서 전용 장비를 이용해 좀 더 확실하게 파쇄하는 방법이 쓰인다. 하드디스크의 구성품들을 파쇄기에 넣고 조각조각 자르는 것이다. 기업에서 보관 기한이 지난 문서를 세단기에 넣어 잘게 자르듯 하드디스크 자체를 완전히 조각낸다. 하드디스크 드라이브 내에서 정보 저장 섹터를 포함하는 원반 부분(플래터)에 구멍을 뚫기도 한다. 확실히, 산산이 조각난 하드디스크를 보면 안심이 될 듯하다.

하드디스크 외관은 놔두고 데이터만 삭제하는 방법도 있다. 물론 파일 아이콘 위에 마우스를 얹고 딜리트 키를 누른 것만으로 데이터가 완전히 삭제됐다고 믿는 사람은 이제 없을 것이다. 파일을 삭제하면 하드디스크의 저장 공간에는 그 파일의 위치를 표시하는 논리적 정보만 사라진다. 다시 말해 파일 데이터는 거의 대부분 그대로 있고, 그 자리에 '빈 공간'이라는 표지만 붙여 다른 정보를 그 위에 덮어쓸 수 있게 되는 것이다. 따라서 그 자리에 다른 정보가 쓰이기 전이라면 하드디스크에서 정보를 복구할 수 있다. 새 정보가 덮어씌워졌더라도 그 전에 저장된 정보를 되살리는 기술도 있다. 그래서 임의의 데이터를 여러 번 반복적으로 디지털 저장 매체에 덮어씌워 감추고자 하는 정보를 완전히 삭제하는 기법이 쓰인다. 전용 소프트웨어를 사용해 덮어쓰기 방식으로 데이터를 삭제할 수 있다. 미국 국방성은 정보를 확실히 제거하기 위해서 최소한 7번 이상 덮어쓰기를 반복할 것을 권장한다.

하드디스크 드라이브의 정보를 없애려고 플래터에 구멍을 뚫기도 한다.

이 외에 데이터를 완전히 삭제하는 방법으로 널리 쓰이는 것이 '디가우징(degaussing)'이다. 최근 이른바 '재판 거래' 의혹을 받고 있는 양승태 전 대법원장이 재직 중 쓰던 컴퓨터가 디가우징 후 폐기되어 검찰이 자료를 확보할 수 없었다는 사실이 보도되면서 대중에게도 친숙한 용어가 됐다. 디가우징은 하드디스크 드라이브에 강력한 자기장을 걸어 저장된 데이터를 날려버리는 기법을 말한다. 하드디스크나 플로피디스크, 카세트테이프 등 자기 저장매체의 원리를 역이용한 것이다.

하드디스크는 자성을 띤 플래터를 매우 작은 공간으로 잘게 나누고, 각각의 자리에 자기 배열을 변화시킴으로써 정보를 읽고 쓴다. 전류가 흐르면 자기장을 일으키는 작은 바늘 모양의 '헤드'가 플래터 표면

디가우징 장치를 이용하면
하드디스크 드라이브의 정보를
완전히 삭제할 수 있다.
© StorageHeaven

을 지날 때 자기장의 극성이 변하면 '1', 그렇지 않으면 '0'으로 인식한다. 디지털 정보는 기본적으로 '0'과 '1'의 이진법을 이용해 저장하는데, 자기 저장매체는 자성의 상태에 따라 이를 구현하는 원리다. 자기 저장매체에 강력한 자기장을 가하는 디가우징을 하면 플래터에 새겨져 있던 이 같은 자기 배열 패턴이 모두 불규칙하게 흩어져 버린다. 이전에 저장돼 있던 정보를 복구할 수 없게 된다. 강력한 자기장을 가해도 정보가 흩어지지 않는 섹터가 일부 있는데, 이를 '자기 잔상' 효과라 부른다. 디가우징은 실질적으로 정보 복구가 불가능할 수준으로 자기 잔상을 최소화해야 한다. 일반적인 데이터 삭제 방식과 달리 디가우징을 한 저장매체는 재사용할 수 없다. 하드디스크는 플래터, 헤드 등이 끊임없이 움직이며 작동하는 구조로, 이런 움직임을 조정하는 정보 역시 자기 저장 방식으로 새겨진다. 이 정보는 제품이 생산될 때 공장에서 한번 저장되며 이후 덮어쓰거나 다시 쓸 수 없다. 디가우징을 하면 이 정보까지 사라지기 때문에 하드디스크 외관이 멀쩡해도 재사용은 불가능해진다.

데이터를 파괴하는 방법 외에 중요한 데이터를 찾아내기 어렵게 숨기는 기법도 안티 포렌식의 대표적 사례다. 디지털 이미지 속에 사람 눈으로는 구분할 수 없는 미세한 데이터를 심어 놓는 '스테가노그래피(steganography)'가 잘 알려져 있다. 그림을 활용한 스테가노그래피가 대중적으로 잘 알려져 있긴 하지만, 실제로는 이미지뿐 아니라 MP3, WAV 포맷 등의 멀티미디어 파일이나 문서 파일에도 원하는 데이터를 은닉할 수 있다. 파일 중 아주 작은 부분을 변조해도 사람이 알아보기는 힘들다는 점을 이용한 기법이다. 스테가노그래피 방식으로 은닉된 데이터를 추출하는 것이 쉬운 일은 아니지만, 오픈스테고(OpenStego) 같은 전문 소프트웨어를 이용해 탐지 시도를 할 수 있다. 또 데이터를 컴퓨터 파일 시스템 안에서 잘 쓰이지 않는 공간, 다른 용도로 할당된 공간에 저장해 찾기 힘들게 하는 것도 데이터 은닉의 한 방식이다.

이 외에 데이터 암호화나 파일 시스템의 시간 정보를 조작하는 식의 데이터 조작 등도 안티 포렌식을 위해 쓰인다. 코드를 일부러 알아보기 힘들게 만드는 코드 난독화를 통해 데이터 분석에 오랜 시간이 걸리게 해 수사를 방해하는 수법도 있다.

범죄 수사 vs 프라이버시 문제

오늘날 컴퓨터 하드디스크에 못 지않게 범죄 수사에 중요한 역할을 하 는 것이 스마트폰이다. 스마트폰을 확보해 그 안에 담긴 데이터를 분석하 면 스마트폰 소유자의 거의 모든 것을

경찰이 스마트폰 속 정보를 얻기 위해 범인의 손가락을 스마트폰의 지문인식 센서에 갖다 댄다면, 논란이 될 수 있을까.

파악할 수 있다. 그런 만큼 스마트폰을 둘러싼 프라이버시 이슈 역시 민 감한 문제다. 최신 휴대전화는 지문이나 홍채 인식, 얼굴 인식 등의 기 법으로 보호하며, 대부분의 사람들이 비밀번호나 패턴을 사용해 다른 사람이 자기 휴대전화를 들여다보지 못하게 한다. 카카오톡이나 메모 같은 개별 앱에 따로 암호를 걸기도 한다. 스마트폰에 등록된 지문이나 금융정보 등 민감한 정보는 외부에서 접근할 수 없는 스마트폰 안의 특 별한 장소에 별도로 보관하기도 한다.

IT 기업들은 프라이버시에 민감한 고객들을 위해 점점 더 강력한 개인정보 보호 기술을 적용한다. 이런 추세는 디지털 포렌식을 활용해 범죄자를 추적해야 하는 수사기관에는 굉장히 골치 아픈 일이다. 2016 년 미국 캘리포니아주 샌버나디노에서 벌어진 총기 난사 테러 사건을 둘러싼 FBI와 애플의 갈등이 대표적 사례다. 2015년 12월 샌버나디노 의 장애인 복지 시설에서 괴한들이 총기를 난사해 14명을 살해하고 자 신들도 경찰에 사살당하는 일이 있었다. FBI는 테러범의 범죄 동기와 배후 등을 캐기 위해 죽은 테러범의 아이폰을 조사하고자 했다.

법원은 FBI의 요청을 받아들여, 애플에 여러 번 잘못된 비밀번호 를 입력하면 데이터가 초기화되는 아이폰의 보안 기능을 우회하는 조치

를 제공하는 식으로 수사에 협조할 것을 요구했다. 휴대전화 비밀번호를 알아내기 위해 임의의 숫자들을 지속적으로 빠르게 조합해 대입하는 '브루트포스(brute force)' 기법이 종종 쓰이는데, 애플은 잘못된 비밀번호를 10회 이상 입력할 경우 데이터가 아예 초기화되거나 한번 잘못 입력할 때마다 일정 시간이 지나야만 다시 입력할 수 있도록 설정하게 하

디지털 포렌식 전문가가 되려면?

앞으로 디지털 포렌식 전문가의 수요는 계속 늘어날 것이다. 디지털 포렌식 전문가가 되려면 어떻게 해야 하고, 어떤 분야에서 일할 수 있을까.

사실 디지털 포렌식 전문가가 되는 코스라는 것이 따로 정해져 있지는 않다. 디지털 포렌식은 결국 컴퓨터나 네트워크, 소프트웨어, 스마트폰 같은 디지털 기기 및 저장매체 등의 물리적, 논리적 특징에 대한 지식을 바탕으로 디지털 특성을 가진 대상을 분석하고 특이점을 찾아내는 작업이다. 디지털 포렌식, 혹은 좀 더 넓은 의미의 정보보안 분야의 전문가가 되려면 컴퓨터나 소프트웨어에 대해 잘 알아야 한다는 얘기다. 디지털 기기의 구조, 운영체제 내부의 파일 시스템 구조, 암호학 등에 관련해 깊숙한 지식이 필요하다.

컴퓨터공학에 대한 이 같은 지식을 기반으로 대학이나 대학원에 개설된 정보보호 관련 학과나 학위 과정에 다니며 전문 지식을 쌓을 수 있다. 다만 아직 넓은 의미의 정보보호나 수사에 관련된 내용을 위주로 다루고, 디지털 포렌식에 특화된 학위 과정이 활성화된 편은 아니다. 또 디지털 포렌식을 위한 기술과 장비 등이 속속 나오고 있으므로 관련 커뮤니티 등에서 끊임없이 새 지식과 기술을 따라가려는 노력도 중요하다.

디지털 포렌식 자격증도 있다. 한국포렌식학회가 주관하는 디지털 포렌식 전문가 자격증은 2012년 국가공인 민간자격증으로 법무부의 인정을 받았다. 형사소송법과 통신비밀보호법 등 법적 지식과 컴퓨터에 대한 전문 지식을 측정하는 디지털 포렌식 전문가 2급 시험이 진행돼 지금까지 500명 이상 합격자가 배출됐다. 2016년에는 처음으로 전문 지식과 함께 실무경험을 갖춘 인력을 대상으로 1급 시험이 실시돼 대검찰청 수사관과 정보보호 기업 종사자 등 3명의 합격자가 나왔다.

디지털 포렌식 인력이 가장 많이 일하는 곳은 물론 경찰, 검찰 등 수사기관이다. 우리나라 검찰은 2007년 서울중앙지검에 디지털 포렌식 수사팀을 처음 만들었으며, 2012년에는 이를 '국가 디지털 포렌식 센터'로 확대했다. 경찰에도 사이버 수사대가 있고, 전문 인력이 활동하고 있다.

디지털 포렌식 인력 채용은 다른 기업과 기관으로도 확대되는 추세다. 유명 법무법인이나 회계법인에서도 디지털 포렌식 인력을 채용하거나 관련 부서를 만들어 고객의 내부 감사 요구에 대응하거나 다른 기업과의 분쟁, 혹시 있을지 모를 수사기관의 수사 등에 대처하도록 자문한다. 대기업 법무팀이나 감사실 등에서도 디지털 포렌식에 관심을 둔다. 기업 업무 과정에서 생성된 디지털 자료가 특허나 업무를 둘러싼 분쟁을 좌우하는 핵심 열쇠로 자리 잡았기 때문이다.

정부 기관에서도 디지털 포렌식 수요가 커지고 있다. 저작권위원회는 음원이나 영상물 등 디지털 콘텐츠의 불법 복제를 막고, 불법 유포자를 찾기 위해 디지털 포렌식 인력을 두고 있다. 국립농산물품질관리원은 2017년 원산지 위반 사범을 효과적으로 적발하기 위해 디지털 포렌식 센터를 열었다. 고용노동부는 부당노동 행위를 적발하는 근로 감독 업무의 일환으로 디지털 증거 분석팀을 두고 있다. 관세청과 식품의약품안전처, 병무청 등도 관련 기관 설립을 준비하고 있는 것으로 알려졌다.

컴퓨터와 소프트웨어의 구조와 특성에 대해 깊은 이해와 관심을 갖고 꾸준히 관련된 지식을 쌓아나가며 수사기관이나 기업, 정부기관 등 현업에서 일할 기회를 찾으면 디지털 포렌식 전문가로 성장할 길이 열릴 것이다.

는 등의 개인정보 보호 기능을 아이폰에 넣었다. FBI는 섣불리 범인의 스마트폰에 접근하려다 이 기능으로 데이터를 모두 잃을까 우려했다.

하지만 애플이 법원의 요구를 거절함에 따라 큰 논란이 일었다. 애플은 다른 데이터 제공 요청에는 협력하겠지만, 아이폰 보안 기능을 우회하는 기술을 만들어 제공하는 것은 해커들이 사용자의 개인정보에 접근할 뒷문을 열어두는 셈이라고 강력히 반발했다. 당시 오바마 미국 대통령이 나서서 애플을 비난하는 한편, 구글 같은 주요 IT 기업들은 일제히 애플을 옹호하고 나서면서 큰 논란이 일어났다. 결국 FBI는 외부 정보보안기업의 도움을 받아 문제의 아이폰 데이터를 확보한 것으로 알려졌다.

우리나라에서도 정치인들이 민감한 내용을 담은 대화를 할 때는 카카오톡이 아니라 텔레그램처럼 보안이 강하다고 알려진 해외 메신저를 즐겨 사용한다. 드루킹이 문재인 당시 대선 후보의 최측근인 김경수 경남도지사와 네이버 댓글 조작 작업을 논의할 때 사용한 것도 텔레그램, 시그널 등 외산 메신저였다. 텔레그램은 모든 대화 내용을 암호화하고 암호를 푸는 열쇠를 메신저 기업의 서버가 아니라 각 사용자의 휴대전화에만 두는 '종단 간 보안 방식'을 쓴다. 메신저 기업을 압수 수색해도 서버에는 아무런 정보가 없거나 해독할 수 없는 정보만 있어 찾는 정보를 얻을 수 없다. 드루킹이 보관해 둔 대화 내역을 직접 저장해 제출하지 않았더라면 사건의 진실은 더 미궁에 빠졌을 것이다.

이렇게 보안이 강화된 스마트폰은 개인정보를 효과적으로 보호하지만, 수사를 어렵게 하기도 한다. 그래서 사건 경위 파악에 핵심이 되는 스마트폰 속 정보를 한시라도 빨리 얻기 위해 때로 경찰들이 논란이 될 만한 행동을 하기도 한다. 이를테면 이런 경우다. '묻지 마 총격 사건'이 일어났는데, 범인은 경찰과 대치하다 스스로 목숨을 끊었다. 현장에서 경찰은 범인이 지니고 있던 아이폰을 발견하고, 죽은 범인의 손가락을 들어 아이폰의 지문인식 센서에 대 본다. 범인의 휴대전화에서 범행 동기나 범죄 준비 과정을 알 수 있는 단서를 찾기 위해서다.

실제로 요즘 미국에서 경찰 수사 할 때 심심치 않게 일어나는 일이라고 한다. 잠금화면 암호나 보안 패턴, 지문인식 센서 등 여러 보안 장치들로 둘러쌓인 스마트폰에서 정보를 확보하기가 매우 어려워져 초동수사에 문제가 생기기 때문이다. 이런 행위가 적절한지에 대해선 지금도 논란이 이어지고 있다.

디지털 포렌식의 새로운 도전

이뿐만 아니다. IT의 발달은 디지털 포렌식에 새로운 도전을 계속 던지고 있다. 오늘날 많은 사람들이 사용하는 클라우드 컴퓨팅 서비스를 생각해 보자. 사진이나 문서, 이메일을 구글이나 마이크로소프트, 네이버 등이 제공하는 클라우드 서비스 공간에 보관해 PC나 스마트폰 등 기기에 구애받지 않고 언제 어디서나 이용할 수 있다. 내 기기가 망가지거나 기기를 바꿔도 데이터는 언제나 살아 있으니 안심이다.

그런데 범죄 용의자가 지메일이나 핫메일로 주고받은 이메일이나 클라우드에 보관한 문서, 사진 등을 확보하기 위해 경찰이 서버를 압수수색해야 할 경우가 있을 수 있다. 과거에는 데이터가 개인의 집이나 사무실에 있는 PC에만 저장됐고, 기업의 정보는 각 기업이 독자적으로 운영하는 전산실에 보관됐다. 하지만 요즘에는 이런 정보가 모두 구글이나 아마존, 마이크로소프트 등 일부 IT 대기업들이 운영하는 클라우드 서버에 올라가 있다. 이는 디지털 포렌식에 몇 가지 문제를 불러일으킨다. 일단 컴퓨터나 소규모 전산 시설이 아니라 세계를 대상으로 서비스를 제공하는 거대 IT 기업의 방대한 서버 인프라를 대상으로 작업해야 한다.

또 클라우드 서비스는 보안이나 안전성 등의 이유로 세계 여러 곳의 서버에 분산 저장된다. 한국 사용자가 올려놓은 정보가 미국과 아일랜드의 서버에 흩어져 있을 수 있다는 얘기다. 미국 경찰이 미국 범죄자를 조사하기 위해 아일랜드에 위치한 마이크로소프트의 서버를 압수 수

색할 수 있을까. IT 기업들은 고객 프라이버시를 보호하기 위해 경찰의 이런 시도에 반대하고 있다. 클라우드 서비스가 계속 인기를 얻어가며 확대되는 상황에서 수사기관의 어려움은 커질 수밖에 없다.

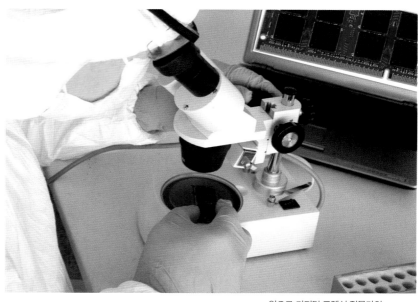

이제 디지털 포렌식은 적용 분야를 넓히고 있다. 최근 디지털 포렌식 관계자들은 드론에 관심을 갖기 시작했다. 드론을 이용해 사람을 공격하거나 불법 물품을 운송하고 몰카를 찍는 등의 범죄가 등장하고 있기 때문이다. 드론은 무선 통신 기술과 카메라, 위치 인식, 안정적 비행을 위한 센서 등 다양한 전자 기술의 결합체이다. 하드디스크를 조사하기 위해 디스크의 논리적 및 물리적 구조를 이미징하듯, 널리 쓰이는 드론 제품의 구조를 이미징해 사건이 발생할 경우 수사에 활용하도록 준비하는 작업이 진행 중이다.

앞으로 자율주행 차량이 일상화되고 자율주행 차량 사고가 일어나기 시작한다면 어떨까. 자율주행 차량의 운행 기록, 주변 차량과의 교신 기록, 차량의 물리적 상태 등을 분석하는 작업이 중요한 디지털 포렌식의 과제로 떠오르는 날도 올 수 있다. 기술이 지속적으로 변화하고 발전하며 새로운 제품과 서비스가 나오는 한 디지털 포렌식의 범위와 역할도 더 커질 것은 분명하다.

앞으로 디지털 포렌식 전문가의 수요는 점점 늘어날 것이다.

붉은불개미

김범용

성균관대에서 철학과 경제학을 전공한 후, 서울대 철학과 대학원에서 '경제학에서의 과학적 실재론: 매키의 국소적 실재론과 설명의 역설'로 석사학위를 받았다. 현재는 서울대 과학사 및 과학철학 협동과정에서 박사과정을 다니고 있다. 전공 분야는 과학철학이며 경제학과 철학에 관심이 있다.

악성 외래종 붉은불개미 어떻게 대처해야 할까?

세계자연보호연맹(IUCN)이
지정한 '세계 100대 악성 침입
외래종' 중 하나인 붉은불개미.

　　최근에 평택항과 부산항 등에서 붉은불개미(*Solenopsis invicta*)가 잇따라 발견되면서 새로운 침입외래생물종에 대한 불안감이 커지고 있다. 붉은불개미는 2017년 9월 부산항 감만부두의 컨테이너 야적장에서 처음 발견된 이후로 2018년 2월에 인천항 보세창고, 5월에 부산항 허치슨부두, 6월에 평택항 컨테이너부두, 7월에 인천항 컨테이너부두에서 확인됐고 9월에는 내륙인 대구에서도 발견됐다. 특히 2018년 6월 20일 허치슨부두 야적장에서 붉은불개미 3000마리가 발견됐을 때는 이동번식이 가능한 공주개미 11마리도 확인됐다. 공주개미는 여왕개미가 되기 전 미수정 암개미를 말한다. 공주개미가 발견됐다는 것은 붉은불개미가 국내에서 대량 번식할 수도 있음을 보여준다.

붉은불개미 발견 현황 (2018년 9월 18일 현재)

발견일자	발견장소	발견 개체	유입경로
2017년 9월 28일	부산항 감만부두 (야적장 시멘트 틈새)	1000여 마리 (1개 군체)	역학조사 중
2018년 2월 19일	인천항 보세창고 (수입 고무나무묘목, 창고 내)	1마리 (일개미)	중국 푸젠성
2018년 5월 30일	부산항 허치슨부두 (수입 대나무, 컨테이너 내부)	2마리 (일개미)	중국 푸젠성
2018년 6월 18일	평택항 컨테이너부두 (야적장 시멘트 틈새)	700여 마리 (1개 군체)	역학조사 중
2018년 6월 20일	부산항 허치슨부두 (야적장 시멘트 틈새)	3000여 마리 (1개 군체)	역학조사 중
2018년 7월 6일	인천항 컨테이너부두 (야적장 시멘트 틈새)	776 마리 (1개 군체와 일개미 무리 1곳)	역학조사 중
2018년 9월 17일	대구시 북구 아파트 건설현장 (조경용 석재 틈새)	약 830마리 (1개 군체)	역학조사 중

ⓒ 국무조정실 국무총리비서실

세계자연보호연맹 지정 '세계 100대 악성 침입외래종'

남미가 원산지인 붉은불개미는 세계자연보호연맹(IUCN)이 지정한 '세계 100대 악성 침입 외래종'에 포함된다. '세계 100대 악성 침입 외래종'은 2013년에 세계자연보호연맹 소속 전문가 650여 명이 참여하여 만든 목록으로, 농업을 비롯한 산업 분야에 직접적인 피해를 끼치거나 생태계 교란을 일으키는 외래종들이 포함된다. 우리에게 잘 알려진 황소개구리, 배스, 붉은귀거북, 뉴트리아, 왕우렁이 등도 이 목록에 포함된다. 환경부도 2018년 1월에 붉은불개미를 '생태계교란 생물'로 지정했다.

외래종은 원래 서식 지역에서 벗어나 유입된 동식물을 가리키는 말이다. 외래종은 몇 가지 기준에 따라 도입종, 귀화종, 침입종으로 분류된다. 도입종은 인간이 특정한 목적을 위해 인위적으로 반입한 동식물이다. 포도, 목화, 고추, 고구마, 딸기, 블루베리 등이 도입종에 해당된다. 인간이 일부러 반입한 것은 아니지만 원래 자생지가 아닌 곳에서

생태계교란 생물
(환경부 지정고시)

구분	종명
포유류	뉴트리아(*Myocastor coypus*)
양서류 · 파충류	황소개구리(*Rana catesbeiana*) 붉은귀거북속 전종(*Trachemys* spp.)
어류	파랑볼우럭(블루길, *Lepomis macrochirus*) 큰입배스(*Micropterus salmoides*)
곤충류	꽃매미(*Lycorma delicatul*) 붉은불개미(*Solenopsis invicta*)
식물	돼지풀(*Ambrosia artemisiifolia var. elatior*) 단풍잎돼지풀(*Ambrosia trifida*) 서양등골나물(*Eupatorium rugosum*) 털물참새피(*Paspalum distichum var. indutum*) 물참새피(*Paspalum distichum var. distichum*) 도깨비가지(*Solanum carolinense*) 애기수영(*Rumex acetosella*) 가시박(*Sicyos angulatus*) 서양금혼초(*Hypochaeris radicata*) 미국쑥부쟁이(*Aster pilosus*) 양미역취(*Solidago altissima*) 가시상추(*Lactuca scariola*) 갯줄풀(*Spartina alterniflora*) 영국갯끈풀(*Spartina anglica*)

ⓒ 환경부

스스로 적응하여 번식하는 동식물을 귀화종이라 한다. 침입종은 외부에서 들어와 다른 생물의 서식지를 점유하는 동식물을 말하며, 붉은불개미는 외래 침입종에 해당된다.

　붉은불개미가 생태계에 미치는 악영향도 상당한 수준이다. 크기는 작지만 공격적인 성향이 워낙 강해 상륙하는 나라마다 이미 살고 있던 개미들을 몰아내고 그 자리를 차지하기도 한다. 남미가 원산지인 붉은불개미가 북미 대륙에 상륙한 것은 1930~1940년대로 추정된다. 남미에서 출발한 화물선을 타고 미국 플로리다에 상륙한 붉은불개미는 금세 북서 지역인 캘리포니아까지 퍼졌고 이 때문에 미국 토착 개미의 3분의 2가 사라졌다는 보고도 있다. 붉은불개미의 영향을 받는 것은 개미뿐만이 아니다. 식물의 씨는 물론이고 나비, 벌을 비롯한 각종 곤충, 지네나 전갈을 비롯한 각종 절지동물, 도마뱀이나 뱀 같은 파충류, 쥐나 토끼 같은 설치류까지 닥치는 대로 먹어치운다. 황소개구리나 뉴트리아처럼 생태계 교란을 일으킬 수 있다는 뜻이다.

독성은 꿀벌보다 약해

붉은불개미의 독성지수 비교

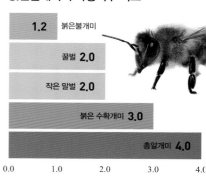

붉은불개미	1.2
꿀벌	2.0
작은 말벌	2.0
붉은 수확개미	3.0
총알개미	4.0

0.0 1.0 2.0 3.0 4.0

© 농림축산검역본부

한국에서 붉은불개미가 널리 알려지기 시작한 것은 2017년 즈음이다. 2017년 9월 부산항에서 붉은불개미가 처음 발견됐을 때 언론에서는 붉은불개미를 '붉은독개미', '살인 개미', '살인 독개미' 등으로 불렀다. '붉은독개미'는 붉은불개미가 개미 중에서는 드물게 날카로운 침을 가지고 있으며 몸에 강한 독성 물질을 품고 있다는 점에 초점을 맞춘 명칭이며, '살인 개미'는 미국에서 한 해 평균 8만여 명이 이 개미의 독침에 쏘이고 그중 100명이 사망한다고 하여 붙인 별명이다. 불개미에 대한 국민들의 불안감이 좀처럼 가라앉지 않는 상황에서 정부는 개미의 명칭을 '붉은독개미'에서 '붉은불개미'로 바꾸었다. 이 개미에 대한 긴장을 늦춰서는 안 되지만 그 위험성이 다소 과장된 측면이 있다는 지적에서였다. 붉은불개미에게 쏘이면 불에 덴 듯한 통증을 느끼게 되는데, 이는 붉은불개미의 꼬리침에 들어 있는 솔레놉신(Solenopsin)이라는 독성 물질 때문이다. 솔레놉신은 대부분의 사람들에게 통증이나 가려움증, 발진 등을 일으키며 일부 사람들은 현기증, 호흡곤란 등과 함께 발작을 일으킬 수도 있다.

그렇다면 붉은불개미의 독성은 어느 정도 강할까. 개미전문가인 류동표 상지대 산림과학과 교수는 "사람이 꿀벌에 쏘였을 때 과민 반응을 일으키는 정도를 1이라고 하면, 붉은불개미의 독은 0.2 이하"라며 "우리 주변에서 흔히 볼 수 있는 '왕침개미'의 독성 수준"이라고 설명했다. 한국에서도 왕침개미에 쏘인 뒤 과민성 쇼크를 일으킨 사례가 있지만, 개미에 쏘인 뒤 발생하는 쇼크는 상황이나 사람에 따라 다를 수 있다. 개미집인 줄 모르고 그 위에서 잠을 자다가 여러 개미에게 쏘이는 등의 경우에는 위험할 수도 있지만, 붉은불개미에 물렸다고 해서 무조건 생명에 위협을 받는 것은 아니라는 뜻이다.

미국의 곤충학자이자 생리학자인 저스틴 슈미트 박사는 곤충의 독침에 쏘일 때 느끼는 통증의 강도를 곤충독성지수(Insect Sting Pain Index)로 표현했다. 곤충독성지수는 78종에 이르는 곤충을 대상으로 쏘였을 때의 통증에 따라 1부터 4까지 점수를 매긴 것인데, 숫자가 클수록 더 고통스러운 것이다. 이 기준에 따르면 붉은불개미의 독성지수는 1.2로, 2.0인 꿀벌과 작은말벌에 비해 낮게 나타난다.

미국 플로리다대의 연구에 따르면 붉은불개미 독성의 반수 치사량은 8mg으로 나타난다. 반수 치사량은 일정 조건에서 실험동물에게 독성 물질을 주입했을 때 그중 절반이 죽는 데 필요한 물질의 양을 말한다. 반수 치사량이 8mg라는 것은 1kg짜리 쥐 10마리 중 5마리를 죽이는 데 필요한 양이 8mg이라는 뜻이다. 반수 치사량이 적을수록 독성이 더 강한 것이다. 장수말벌의 반수 치사량이 1.6mg이고 노란수확기개미의 반수 치사량이 0.12mg인 것과 비교하면 붉은불개미의 독성은 인체에 그렇게 위협적인 수준이 아니라는 점을 알 수 있다.

그렇다면 북미에서 연평균 8만여 명이 붉은불개미에 쏘이고 그중 100여 명이 사망한다는 언론 보도는 어떻게 된 것인가. 류동표 교수는 정부 발표가 일부 잘못됐음을 지적한다. 류 교수는 "붉은불개미 때문에 100명이 숨졌다는 것은 한 해 희생자 수가 아니라 붉은불개미가 북미에 유입된 이후의 희생자 총 집계 수치"라며 "미국에서 붉은불개미에 쏘여 죽은 사람은 매년 4명 이하라는 기록이 있다"고 밝혔다.

정부도 붉은불개미의 위험성에 대해 정확하지 않은 정보를 국민들에게 제공한 사실을 인정했다. 노수현 농림수산검역본부 식물검역부장은 "북미에서 한 해 8만여 명이 피해를 입고 100여 명이 사망한다는 자료는 일본 환경성이 게시한 자료를 인용한 것인데, 이후에 일본도 해당 자료를 내린 것으로 확인됐다"고 밝혔다. 대만과 중국에 붉은불개미가 유입된 것은 각각 2004년과 2005년인데, 이미 이들 지역에는 붉은 불개미가 널리 정착했으나 아직까지 사망 사례는 보고된 바가 없다.

소, 닭에서 과수, 화훼까지 닥치는 대로 공격

　붉은불개미가 인체에 미치는 위험성이 과장된 측면이 있지만, 붉은불개미가 끼치는 피해는 간과할 만한 수준의 것이 아니다. 붉은불개미가 정착한 지역에서 이들이 미치는 피해는 상상을 뛰어넘는 수준이다. 붉은불개미는 사람들의 주거지에 침입해서 사람을 공격하기도 한다. 붉은불개미 일개미는 평균 몸길이가 2~6mm로 개미 중에서도 작은 편이지만 공격성이 매우 강하다. 군집을 이루어 살며 위협을 받으면 한 군집의 개미들이 합동 공격을 하는 경향이 있다. 합동 공격이 가능한 것은 한 개미가 공격을 시작하면 페로몬을 방출하여 군집을 이루는 다른 개미들에게 공격 사실을 즉각적으로 알리기 때문이다.

　흔히 붉은불개미는 흙더미 아래에 집을 짓는다. 흙더미로 된 개미 집에 출입구는 명확히 보이지 않으며 우연히 흙더미를 밟으면 붉은불개미들이 공격을 개시한다. 대개 실외에서 유기물을 먹고 살지만 단 음식이나 단백질이 풍부한 음식을 찾아 사람의 집을 침범하기도 한다. 붉은불개미는 농축산업에도 피해를 미친다. 농작물을 갉아먹기도 하고 가

붉은불개미 일개미의 클로즈업. 미국 오스틴 소재 텍사스대 브래큰리지필드랩(BFL)의 표본이다.

붉은불개미? No! 붉은열마디개미? Yes!

'붉은독개미'라는 명칭이나 '붉은불개미'라는 명칭이나 모두 올바른 명칭이 아니라는 주장도 있다. 최재천 이화여대 석좌교수는 붉은불개미가 아니라 '붉은열마디개미'라고 부를 것을 제안했다. 우리가 흔히 개미라고 부르는 것은 동물계 절지동물문 곤충강 벌목 개밋과에 속하는 곤충을 가리킨다. 개밋과에서 가장 큰 아과(亞科)가 불개미아과와 두마디개미아과인데, 우리가 붉은불개미라고 부르는 곤충은 두배자루마디개미아과에 속한다. 사실 불개미아과에 속하지도 않는 곤충을 불개미라고 부르는 것이다. 두배자루마디개미아과에는 약 140개의 하위 속이 있으며, 이 중 붉은불개미가 속하는 속은 열마디개미속(*Solenopsis*)이다. 열마디개미속에 속하는 개미는 열마디개미(*Solenopsis fugax*)와 일본열마디개미(*Solenopsis japonica*) 등이 있는데, 그들의 근연종인 *Solenopsis invicta*를 붉은불개미라고 부르는 것은 잘못됐다는 것이 최재천 교수의 주장이다.

학계의 관례를 따져본다면 *Solenopsis invicta*를 '붉은불개미'라고 부르지 말고 '붉은열마디개미'라고 부르자는 최 교수의 주장은 꽤나 설득력이 있다. 이 글에서 *Solenopsis invicta*를 '붉은불개미'라고 부르는 것은 이 글이 학술적인 글이 아니라 일반인들에게 정보 전달하는 것을 목적으로 하는 글이므로 일반적으로 통용되는 명칭을 쓰는 것이다.

소가 풀을 뜯고 있는 목초지에서
발견된 흙더미. 보통 흙더미 밑에는
붉은불개미가 지은 집이 있다.

축을 공격하기도 한다. 붉은불개미가 소나 돼지, 닭 등 가축에 달라붙어 괴롭히면서 스트레스를 유발해 농축산업의 생산성을 떨어뜨리는 사례가 여러 나라에서 보고되고 있다. 중국 등에서는 붉은불개미가 조류의 둥지를 습격해 어린 조류의 생육에 영향을 미쳤다는 사례도 있다. 병아리가 붉은불개미의 공격을 받아 결국 닭으로 자라지 못하고 죽기도 하고, 붉은불개미의 공격을 받은 닭이 피부에 상처가 남아 품질이 떨어지는 사례가 보고된 바 있다. 또한 붉은불개미는 계란에 구멍을 뚫어서 노른자위를 차지하기도 한다. 건초 더미를 통해 이동해서 송아지의 눈을 쏘거나 물어서 실명시켜 결국 죽게 만든 사례도 있다.

붉은불개미는 가축뿐만 아니라 농작물에도 피해를 준다. 붉은불개미는 콩, 대두, 옥수수, 수수 같은 곡물류, 포도, 복숭아, 감귤, 블루베리 같은 과실류, 땅콩, 아몬드 같은 견과류, 감자, 고구마 같은 서류, 가지, 오이, 양배추 같은 채소류처럼 다양한 곡물과 채소를 먹이로 삼기 때문에 해당 농가에 피해를 입힌다. 또한 꿀벌 등 곤충류의 유충이나 애벌레도 공격해 양봉 농가에도 피해를 입힌다. 꿀벌이나 나비 등이 피해를 입음에 따라 과수농가에서 수분에 애를 먹기도 한다. 화훼 농가에도 피해를 끼친다. 붉은불개미는 나무의 즙액을 섭취하려고 식물의 뿌리와 나무껍질을 뚫어 어린 묘목을 고사시킬 뿐만 아니라 작물을 먹어치우기도 한다. 2004년 중국 광저우(廣州)에서 붉은불개미가 무더기로 나타나 꽃을 모두 먹어치워 꽃 농장이 큰 피해를 봤다는 사례도 보고된 바 있다. 당시 일부 농민들은 붉은불개미를 퇴치하려고 농장에 불을 지르기도 했으나, 붉은불개미가 불을 피해 잠시 숨었다가 다시 나타나 농장 전역을 기어 다녀 별다른 효과를 보지 못했다.

미국에서 연간 7조 원 이상의 경제적 피해 추산돼

놀랍게도 붉은불개미는 공장이나 전력설비, 공항, 항만 등에도 피해를 줄 수 있다. 붉은불개미가 건물 안으로 들어와 에어컨, 냉장고 등의 따뜻한 팬 부분에 집을 짓기도 하는데, 거기서 붉은불개미가 배출한 개미산이 전선을 녹여 합선을 일으키기도 한다. 건물이나 구조물 아래에 집을 짓는 경우에는 지반이 약해져 건축물이나 설치된 장비 등에 피해가 생기기도 한다.

농작업에도 여러 가지 불편을 끼친다. 붉은불개미는 자신들의 서식지에 흙더미를 만드는데, 이는 콤바인 같은 농기계를 작동하는 데 방해가 된다. 또한 흙더미는 식물의 뿌리 생장을 방해하여 곡물 수확량이 줄어들게 만든다. 미국 조지아주와 노스캐롤라이나주에서는 붉은불개미가 만든 흙더미 때문에 1ha당 대두 수확량이 32kg가량 줄어들었고 피해액이 한국 돈으로 1,793억 원에 달한다. 이들 지역에서 붉은불개미 흙더미는 1ha당 평균 1635개(두 평당 1개꼴)가 자리하고 있으며, 그 높이는 45cm에서 60cm에 이른다.

그렇다면 붉은불개미가 일으키는 피해 규모는 어느 정도나 될까. 미국 텍사스 A&M 대학 농경제학과 커티스 라드(Curtis F. Lard) 교수

등이 2006년에 발표한 연구에 따르면, 한 해 미국에서 붉은불개미 때문에 입는 경제적 피해규모는 약 63억 달러(7조 900억 원)로 추산된다. 피해 유형별로 보면, 주택 등에서 입는 피해가 약 50억 달러(5조 6,300억 원), 전자기기 피해가 약 8억 달러(9,000억 원), 농업 등에서 입는 피해가 약 5억 달러(5,600억 원) 이상이다. 미국에서 붉은불개미 때문에 가장 큰 손실을 입는 주는 플로리다인데, 그 피해 액수가 매년 약 16억 달러(1조 8,000억 원)에 달하며, 그다음으로 피해가 큰 주는 텍사스로 피해 액수가 약 14억 달러(1조 5,800억 원)이다.

호주 퀸즐랜드주의회의 침입생물종 대책위원회(Invasive Species Council)에서 발표한 보고서에 따르면, 퀸즐랜드주에 붉은불개미가 성공적으로 정착할 경우 발생할 피해액은 향후 30년 동안 약 450억 호주 달러(35조 7,500억 원)에 달할 것으로 추정된다. 퀸즐랜드 농민연합회 회장인 스튜어트 아미티지(Stuart Armitage)는 "붉은불개미가 영구적으로 정착하게 되면, 해당 지역 사람들이 야외 활동을 즐길 수 없고 잔디밭에서 바비큐 파티도 할 수 없으며, 뒤뜰의 귀뚜라미도 사라지고 밖에서 애완동물도 키울 수 없게 될 것"이라고 우려를 표했다.

뗏목 만들고 탑 쌓는 '놀라운 생존 능력'

붉은불개미는 원산지인 남아메리카를 벗어나 1930년대에 미국에 상륙했고, 2001년에는 호주, 2004년에는 대만, 2005년에는 중국에서 발견되면서 태평양 항만을 중심으로 퍼져나갔다. 붉은불개미가 세계 각지로 퍼질 수 있었던 것은 놀라운 생존 능력 때문이다. 어떤 환경이든 빠르게 적응하고 번식한다. 붉은불개미는 주로 고온 다습한 곳에서 서식한다. 이들은 원산지에서 그러했듯 가뭄과 홍수에 잘 견딘다. 가뭄이 들어 대지가 건조해지면 습기가 있는 곳으로 굴을 파는 경향이 있으며 지하수가 있는 곳까지 굴을 파서 살아남는다. 홍수가 나도 붉은불개미는 떼로 뭉쳐서 뗏목처럼 물에 떠다니면서 살 수 있다.

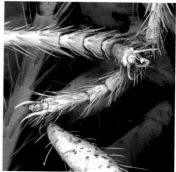

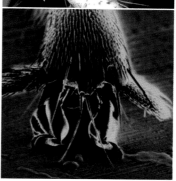

붉은불개미는 다리에 난 털 덕분에 붉은불개미 떼 뗏목에 공기층을 형성해 물속으로 가라앉지 않는다.
© Sulisay Phonekeo

　구체적으로 붉은불개미는 어떻게 뗏목처럼 뭉칠까. 홍수가 나면 개미들이 서로 다리와 입을 무는 방식으로 부유체를 만들어 물 위를 둥둥 떠다닌다. 많게는 수백만 마리가 뭉친다. 붉은불개미는 홍수가 잦은 남아메리카의 범람원에서 이런 생존법을 터득한 것으로 추정된다. 붉은불개미 떼가 부유체(일종의 뗏목)를 형성하는 데는 1분 30초 정도밖에 걸리지 않고, 마른 땅이나 나무를 만날 때까지 최대 3주 동안 해체되지 않고 물 위를 떠서 이동한다. 대부분의 개미들에게 홍수는 생존을 위협하는 위기 상황이지만, 붉은불개미에게는 이동 수단인 셈이다. 이 때문에 미국 등의 방역 당국에서는 골머리를 앓기도 한다.

　붉은불개미가 만든 뗏목은 어떻게 물에 가라앉지 않을까. 바로 붉은불개미 다리에 난 미세한 털이 공기층을 형성하여 물에 가라앉는 것을 막기 때문이다. 부유체가 물에 뜨면 붉은불개미 일개미들은 여왕개미와 알, 애벌레를 비교적 안전한 뗏목 중앙으로 옮겨서 보호한다. 수면과 닿는 아래층 불개미들도 익사하지 않는다. 아래층과 위층의 불개미들은 번갈아 가며 아래위 위치를 바꾸기 때문이다.

　물에 떠내려가던 붉은불개미 뗏목이 나무나 마른 땅을 만나면 붉은불개미 떼는 식물체 등을 기둥으로 삼아 종 모양의 탑을 만들기 시작

미국 루이지애나 습지에서 붉은불개미들이 임시 거처로 탑을
세웠는데(❶). 붉은불개미 탑은 방수 기능이 있어 새로 정착할 때까지
여왕개미와 알, 애벌레를 보호할 수 있다(❷). 붉은불개미 탑은 각 개미가
두 마리 체중을 골고루 받는 구조를 띤다(❸).
ⓒ Sulisay Phonekeo · CC Lockwood

붉은불개미 떼가 어떻게 탑을
쌓는지를 보여주는 실험.
ⓒ Georgia Tech

한다. 붉은불개미들은 뗏목을 만드는 것과 비슷한 방법으로 턱과 발톱, 발바닥을 이용해 높이가 몸길이의 30배 정도인 탑을 쌓는다. 탑의 바닥에는 굴을 몇 개 파서 거기에서 여왕개미와 알, 애벌레를 보호한다.

붉은불개미가 어떻게 탑을 만드는지 알고자 미국 조지아공대 연구팀은 붉은불개미들을 채집해 그들 중 일부에게 방사성 동위원소가 든 먹이를 먹인 뒤 이들을 다른 개미와 섞고 막대기를 세워서 개미가 그 주변에 탑을 만들도록 유도했다. 연구 결과 밝혀진 원리는 간단했다. 붉은불개미 탑은 고정된 구조물이 아니라 끊임없이 무너져 내리고 다시 짓는 것이었다. 개미는 자기 체중의 3배까지 견딘다. 탑을 쌓은 붉은불개미들은 자기 체중의 2배 이상인 하중이 걸리면 서로 연결했던 부위를 푸는데, 이렇게 되면 탑의 일부분이 무너져 내린다. 그러면 다른 개미가 탑을 쌓고 일정 하중이 넘어가면 다시 탑이 무너지는 것이 반복된다. 각 개미가 중앙의 통제를 따르는 대신 몇 가지 단순한 규칙에 따라 작업과 휴식, 재배치를 반복하면서 탑을 유지한다는 말이다. 이를 두고 연구팀은 붉은불개미의 탑이 사람 피부와 같은 다세포 시스템을 연상시킨다고 설명했다.

이렇게 만든 탑은 붉은불개미들의 임시 거주지 역할을 한다. 새로운 개미굴을 완성하기 전까지 빗방울 등으로부터 여왕개미와 알, 애벌레를 보호한다. 붉은불개미 탑은 뗏목과 같이 방수 기능이 있기 때문에 작은 빗방울 정도는 붉은불개미 탑의 겉면을 타고 굴러떨어지게 된다.

붉은불개미는 가뭄과 홍수뿐만 아니라 추위도 잘 견딘다. 심지어 영하 9℃에서도 생존할 수 있다. 전문가들은 지구온난화 현상에 따라 겨울철 기온이 높아지는 상황에서 붉은불개미가 한국 남서부에 정착할 가능성이 높아지고 있음을 지적한다.

　　한 장소에 붉은불개미 여왕개미가 자리를 잡으면 매우 빠른 속도로 번식할 수 있다. 여왕개미는 하루에 알을 1000개 이상 낳을 수 있는데다 군집에는 여왕개미가 여러 마리 존재할 수 있기 때문이다. 대부분의 개미들은 한 군집에 다수의 여왕개미가 존재하면 내분이 일어나 군집이 약해지기 마련인데, 붉은불개미는 한 군집에 여왕개미가 여러 마리 있어도 공존해 개미 군락을 이룰 수 있다. 붉은불개미의 일개미는 50~60일 정도 살지만, 여왕개미는 짧으면 3~4년에서 길게는 7~8년까지 사는 것으로 알려져 있다. 여왕개미는 공주개미가 생식 능력이 있는 수컷 개미와 함께 결혼 비행을 하여 짝짓기를 한 뒤 스스로 날개를 떼고 알을 낳기 시작한 개미를 말한다. 일단 알을 낳기 시작한 여왕개미가 스스로 할 수 있는 일은 알을 낳는 것 이외에는 거의 없으며 스스로 이동하는 것도 어렵다. 그러나 결혼 비행을 통해 공주개미 상태에서 비행하여 멀리까지 이동하는 것은 가능하다. 붉은불개미들이 결혼 비행을 하는 적정 온도는 평균 기온이 23℃ 이상이다. 결혼 비행 때의 바람, 온도, 상승기류 등의 상황에 따라 20km까지 이동할 수 있다.

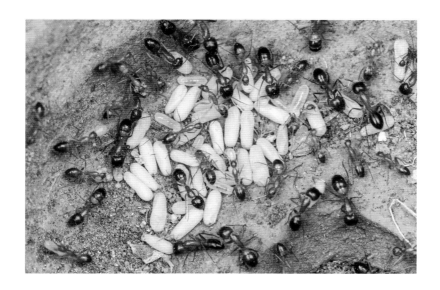

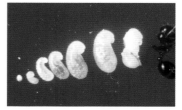

▲붉은불개미 일개미의 일생. 알에서 깨어나 4번의 영(탈피와 탈피의 중간 단계)을 거치고 번데기 단계를 지낸 뒤 성숙한다.

◀붉은불개미들이 알을 돌보고 있다.

국내 유입 경로는 아직까지 오리무중

　　붉은불개미는 아시아, 북아메리카, 중앙아메리카, 남아메리카, 오세아니아 등 태평양 연안을 따라 분포한다. 원산지인 남아메리카를 제외한 다른 대륙에 사는 붉은불개미는 모두 유입된 것이다. 예를 들어 미국은 1933년에서 1945년 사이에 브라질로부터 들어왔다는 기록이 있다. 2001년에 호주와 뉴질랜드에 유입됐으며, 서인도제도와 대만, 필리핀을 거쳐 2004~2005년에는 중국 광둥성과 홍콩에도 유입됐다. 2017년 5월에 일본 고베에서 처음 발견된 이후 나고야, 도쿄, 오사카 등 일본 각지에서 발견됐다. 그리고 2017년 9월 부산항 감만부두의 컨테이너 야적장 주변에서 붉은불개미가 발견됨으로써 한국도 붉은불개미로부터 안전한 나라가 아님이 확인됐다.

　　한국에 유입된 붉은불개미가 어디에서 온 것인지는 아직 명확히 밝혀지지 않았다. 역학조사 결과 2018년 2월과 5월에 유입된 붉은불개미의 여왕개미가 중국 푸젠성에서 온 것으로 추정됐으나, 다른 유입 사례에서 해당 개미들이 어디서 온 것인지 분명하지 않다. 2018년 2월 확인된 붉은불개미는 인천항으로 수입된 중국산 고목나무 묘목에서 발견됐고 5월에 유입된 붉은불개미는 부산항에서 컨테이너를 검역하던 중 호주산 귀리 건초에서 포착됐다. 외래종은 컨테이너선 같은 무역 선박을 통해 유입되는 경우가 많고 붉은불개미도 이런 경우인 것으로 보인다. 국내에서 확인된 붉은불개미 유입 사례 다섯 건 중 네 건은 컨테이너를 쌓아 놓는 부두 야적장에서 발견된 것이었다. 해외에서 들여오는 컨테이너가 붉은불개미의 주요 유입 통로로 추정된다.

　　학계에서는 붉은불개미가 중국에서 유입될 위험성에 주목해야 한다고 지적한다. 붉은불개미의 발원지로 꼽히는 곳 중 하나는 하이난성을 비롯한 중국 남부지방인데, 현재 인천항에는 중국 남부지방에서 반입되는 컨테이너 물동량이 증가하고 있다. 인천항 전체 컨테이너 물동량에서 중국이 차지하는 비중은 60%에 달한다. 일본에서는 2017년 5월

붉은불개미 분포국가

지역	국가
아시아	중국(푸젠성, 광둥성, 광시성, 홍콩, 후난성, 장쑤성), 말레이시아, 싱가포르, 대만, 일본
북미	멕시코, 미국(앨라배마, 애리조나, 아칸소, 캘리포니아, 콜로라도, 플로리다, 조지아, 일리노이, 루이지애나, 메릴랜드, 미시시피, 뉴멕시코, 노스캐롤라이나, 오클라호마, 사우스캐롤라이나, 테네시, 텍사스, 버지니아)
중미	앵귈라(영국령), 앤티가바부다, 바하마, 버진아일랜드(영국령), 케이맨제도, 코스타리카, 몬트세랫(영국령), 파나마, 푸에르토리코, 세인트키츠네비스, 트리니다드토바고, 버진아일랜드(미국령), 아루바
남미	아르헨티나, 볼리비아, 브라질(고이아스, 마투그로수, 마투그로수두술, 미나스제라이스, 히우그란지두술, 혼도니아, 상파울루), 파라과이, 페루, 우루과이
오세아니아	오스트레일리아(퀸즐랜드), 뉴질랜드, 하와이

© 환경부

수입 컨테이너에 붉은불개미가 실려 들어와 고베 효고현에 첫 상륙한 이후 불과 한 달 만에 나고야, 오사카까지 확산됐다. 효고현에서 발견된 붉은불개미 집은 중국 광둥성에서 출발한 컨테이너에서 발견된 것이다. 2017년 9월에는 중국 하이난성 하이커우시를 출발해 홍콩항을 거쳐 오사카항에 들어온 컨테이너에서 붉은불개미가 확인됐다. 이로써 일본에서는 도쿄항, 나고야항, 요코하마항 등 12개 지역 22곳에서 붉은불개미가 발견됐다. 일본의 주요 항구에서 붉은불개미가 포착됐는데, 그중 상당수는 중국 남부지방에서 출발하거나 홍콩을 경유한 것이다.

붉은불개미 공주개미가 일개미와 결혼 비행을 준비하고 있다. 공주개미가 일개미와 짝짓기를 하면 알을 낳을 수 있는 여왕개미가 된다.

　문제는 현재 우리나라 검역 당국이 손댈 수 있는 화물은 식물 관련 화물에 국한되며, 이는 전체 화물의 5%에 불과하다는 점이다. 나머지 95%에 대해서는 뾰족한 방법이 없다. 1년에 국내에 수입되는 컨테이너의 수는 1300만 개에 달하여 일일이 개장 검사를 할 수 없는 형편이다. 화물주가 붉은불개미를 발견해 검역본부에 신고하는 것이 그나마 가장 효율적인 방안으로 꼽히고 있다.

통합 방제 프로그램 마련해야

붉은불개미가 끼칠 수 있는 피해를 막기 위해서는 이미 붉은불개미로 인해 피해를 입은 나라들의 대책을 참고해야 할 것이다.

미국은 붉은불개미가 상륙한 1930년대 이후 여러 가지 대책을 내놓았다. 미국 농무부는 붉은불개미가 전국으로 퍼지는 것을 막기 위해 1958년부터 붉은불개미 연방 격리제를 운영하고 있다. 붉은불개미가 출현한 지역에서 건초류, 잔디, 기타 관상용 식물류, 흙을 옮길 수 있는 식물과 도구, 장비 등이 이동하는 것을 통제한다. 붉은불개미 연방 격리제가 적용되는 지역은 뉴멕시코, 노스캐롤라이나, 버지니아, 아칸소, 루이지애나, 미시시피, 사우스캐롤라이나, 앨라배마, 조지아, 캘리포니아, 플로리다, 테네시, 텍사스 등 14개 주에 달한다.

미국 농무부는 붉은불개미 피해를 방지하기 위해 해충관리통합프로그램(IPM)도 마련했다. 이 프로그램은 화학적 요법과 비화학적 요법을 병행한다. 이 프로그램에서 권고하는 화학적 요법에는 붉은불개미의 흙더미를 살충제로 직접 공략하는 방법, 대두유와 옥수수유 등을 이용해 만든 미끼에 살충제를 묻힌 다음, 붉은불개미 일개미가 미끼를 서식지로 가져가 살충제를 붉은불개미 군집에 퍼뜨리도록 유도하는 방법 등이 있다. 비화학적 요법으로는 붉은불개미가 모여들지 않도록 원인 물질을 제거하고 주변 환경을 청결히 하는 것, 땅속 온도가 붉은불개미의 활동이 뜸해지는 18℃ 이하로 내려갈 때 농장과 가축 관리를 강화하여 피해 여지를 최대한 줄이도록 하는 것 등이 포함된다.

호주 정부는 붉은불개미를 박멸하는 데 연간 3,800만 달러가 투입되는 프로그램을 계획하고 있다. 이동 경로 등을 관찰하며 붉은불개미의 생태를 파악한 다음, 독성 물질을 공중에 살포하거나 직접 붉은불개미 집에 넣는 방식으로 박멸 작업을 실시할 계획이다. 호주 정부에서 실시한 시뮬레이션 결과에 따르면, 이 작전으로 붉은불개미를 박멸할 확률이 95%인 것으로 나타났다. 실제로 글래드스톤 등의 지역에서 벌인 붉은불개미 퇴치 작전이 성공을 거두기도 했다.

　한국에서도 붉은불개미 방제 전략이 등장하고 있다. 국회 농림축산식품해양수산위원회 소속 더불어민주당 김현권 의원은 농림축산식품부와 농림축산검역본부가 제출한 국정감사 자료, 붉은불개미 피해와 대책을 담은 미국 연구 문헌들을 토대로 분석해 미국산 농림산물에 대한 검역을 강화할 것을 주장했다. 김 의원은 미국산 목재류, 건초류, 대두나 옥수수 등 농림산물에 대한 검역을 강화해야 하며, 특히 미국 남동부 14개 주에서 붉은불개미를 옮겨올 수 있는 농림산물 수입을 규제해야 한다고 지적했다. 이에 덧붙여 살충제를 사용하는 화학요법과 주변 환경 정비와 관리를 통한 비화학요법을 조화시킨 통합해충관리프로그램을 마련해야 한다고 주장했다. 김현권 의원실의 분석에 따르면, 국내에 수입되는 붉은불개미 유입 우려 품목 수입품의 품종과 물량 면에서 미국이 단연 앞서는 것으로 나타난다. 물량 면에서 붉은불개미 유입 우려가 미국 다음으로 큰 것은 뉴질랜드이지만, 뉴질랜드에서는 점차 붉은불개미가 사라지고 있는 추세여서 실질적으로 미국이 가장 위험하다는 의미이다.

　이러한 제안은 한국에서도 붉은불개미 통합방제 프로그램이 등장하고 있다는 점에서 환영할 만한 일이다. 그러나 여전히 한계는 남는 것으로 보인다. 농림산물뿐만 아니라 컨테이너를 통해서도 붉은불개미가 유입될 위험성이 있으며, 일본의 사례에서 보듯 특히나 중국에서 출발하는 컨테이너를 통해 붉은불개미가 유입될 위험이 남기 때문이다. 반세기가량 붉은불개미 방제 대책을 세워온 미국과 달리 중국의 방제 대책이 얼마나 정교한지도 의문인 상황이라 중국으로부터 붉은불개미가 유입될 가능성에 신경 써야 할 것으로 보인다.

남북 과학협력

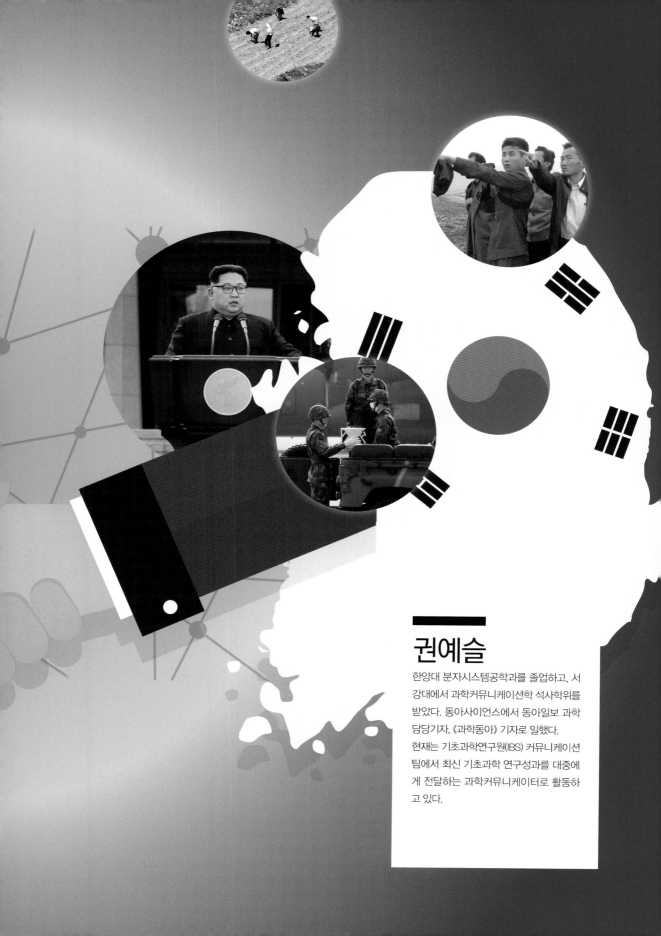

권예슬

한양대 분자시스템공학과를 졸업하고, 서강대에서 과학커뮤니케이션학 석사학위를 받았다. 동아사이언스에서 동아일보 과학 담당기자, 《과학동아》 기자로 일했다. 현재는 기초과학연구원(IBS) 커뮤니케이션 팀에서 최신 기초과학 연구성과를 대중에게 전달하는 과학커뮤니케이터로 활동하고 있다.

남북 과학협력 분야 7,
유해 발굴부터 전통의학까지

2018년 4월 27일 판문점 '평화의 집'에서 문재인 대통령과 김정은 국무위원장이 악수를 하고 있다.

'새로운 력사는 이제부터. 평화의 시대, 력사의 출발점에서.'

2018년 4월 27일 오전 9시 30분경. 판문점 평화의 집에 들어선 김정은 북한 국무위원장은 거침없이 글씨를 써내려갔다. 한 걸음 차이로 국경이 달라지는 이곳에서 남한과 북한의 정상이 11년 만에 만났다. 이날 2000년, 2007년에 이은 세 번째 남북 정상회담이 진행됐다.

6·25전쟁 휴전부터 2018년 9월까지, 남과 북은 공식적으로 668회 만났다. 60여 년 갈등의 역사 속에 남과 북의 심리적 거리는 가까워지고 멀어지기를 반복했다. 하지만 2018년은 달랐다. 2018 평창 동계올림픽에서 남북 선수단이 공동 입장하며 평화적 분위기로 한 해를 시작했고, 곧이어 정상회담까지 이어졌다. 그리고 남북 정상은 '판문점 선

언'을 발표하며 과거와는 완전히 다른 '한반도 평화시대의 개막'을 전 세계에 알렸다. 변화하는 남북 관계 속에서 과학기술계도 한층 분주해졌다. 2018년 3월 과학기술정보통신부의 주도하에 각 분야 과학자들이 모였다. 평화모드에 들어선 남북이 과학기술 교류를 통해 상호 발전할 수 있는 분야를 도출하기 위해서다. 남북의 과학적 협력은 어떤 모습으로 이뤄질까. '력사'와 '역사'의 차이처럼 본격 과학협력에 앞서 해결해야 할 문제들도 아직 남아 있다.

분단의 상처 치유⋯ '6·25 전사자' 유해 발굴

판문점 선언에서 비무장지대(DMZ)를 평화지대로 전환한다는 내용이 채택된 만큼, 지뢰 제거 작업과 함께 DMZ 전사자 유해 발굴 사업이 시작될 가능성이 높아졌다. 국방부 유해발굴감식단(국유단)은 DMZ에만 국군 1만여 명, 미군 2000여 명이 잠들어 있을 것으로 추정한다. 정부는 2008년 유해 발굴에 관한 법률을 제정한 뒤 본격적으로 사업을 시작해 2018년까지 10년째 진행하고 있다. 현재까지 국군, 북한군, 유엔군, 중국군을 모두 포함해 총 1만 1206구의 유해를 발굴했고, 이 중 중국군의 유해는 9875구다. 하지만 2017년 9월 기준으로 이 가운데 신원이 확인된 전사자는 128위로, 발굴된 유해의 1%에 불과하다.

북한은 단독 혹은 북미 공동 발굴 사업을 통해 1990년부터 2007년까지 미군으로 추정되는 443구의 유해를 발굴해서 미국으로 송환했다. 하지만 발굴 사업은 11년째 멈춘 상태다. 2007년 11월 열린 2차 국방장관회담에서 남북은 유해송환에 합의했지만, 한국전쟁 이후 남북한의 유해 상호 송환이 실제로 시행된 적은 없다. 국유단은 북한군의 유해로 확인될 경우 임시 매장하고 있다. 다행히 북한은 싱가포르에서 열린 6·12 북미 정상회담에서 발굴에 대한 확고한 의지를 표명했다. 북미 정상의 공동성명 4항에는 '미국과 조선민주주의인민공화국은 신원이 이미 확인된 전쟁포로, 전쟁실종자의 유해를 즉각 송환하는 것을 포

유해 송환 행사의 모습. 국방부 유해발굴감식단은 우방국의 유해가 확인되면 해당국으로 송환하고, 중국으로도 매년 유해를 송환하고 있다. 북한군의 유해는 현재 임시 매장하고 있다.
© 대한민국 국군

함해 유해 수습을 약속한다'고 명시됐다. 전사자를 가족의 품으로 돌려보낼 수 있는 여건이 마련됐다는 의미다. 6·25 전사자 유해 발굴은 참전용사의 증언으로부터 시작된다. 전쟁에 대한 기록과 참전용사 증언을 바탕으로 전사자가 매장됐을 것으로 추정되는 위치를 선별해 발굴을 진행한다. 발굴된 유해는 감식소로 옮겨져 세척 과정을 거친 뒤 중성지 박스 안에 담겨 보관된다. 현재 8200여 구의 유해가 보관된 상태다. 세계에서 가장 많은 아시아인의 인골이 보관된 장소다.

신원 확인에는 법과학 분야의 첨단기술이 총동원된다. 세척된 뼈를 계측해 해부학적인 특성을 파악하고, 뼈의 손상이 심각한 경우에는 3차원(3D) 스캐너와 3D 프린터를 이용해 정밀하게 복원한다. 이후 생전 사진과 복원된 뼈의 모습을 비교해 가며 신원을 확인하는 시도가 가능하다. 유해와 함께 유품이 발견된 경우에는 신원 확인 가능성이 더 높아진다. 실제로 신원이 확인된 128위의 전사자 중 상당수는 인식표나

신분증, 도장 등을 보유한 상태였다. 유전자(DNA) 검사는 신원 확인의 핵심 절차다. 유해에서 채취한 DNA를 보관된 유가족 DNA 데이터베이스(DB)와 비교해 가며 가족 여부를 확인한다. 현재까지 4만 273명이 시료 채취에 참여했다. 문제는 시간이 흐를수록 신원 확인이 더 어려워진다는 것이다. 6·25 세대의 노령화로 유가족이 사라지는 것은 물론이고, 세대가 넘어가면 DNA를 통한 식별력은 4분의 1로 떨어지기 때문이다. 부모 자식 간의 DNA를 통한 식별 성공률이 100%라고 가정하면, 조부모와 손자의 DNA를 활용한 식별 성공률은 25%에 불과하다. 또 DNA는 일정 온도 이상의 고온 상태에 처하거나 방부제 처리를 한 경우에 손상이 생기기 때문에 분석에 한계가 있다. 이 때문에 국유단은 한국기초과학지원연구원(KBSI)과 공동 연구 양해각서(MOU)를 체결하고, 2018년부터 새로운 발굴 기법을 도입했다. 바로 치아 속 동위원소를 이용하는 것이다. 치아 속 동위원소를 분석하면 고인이 살아생전 즐겨 먹었던 음식에 대한 정보를 알 수 있다. 고향을 찾기 유리하다는 의미다. 동위원소는 양성자 수는 같지만 질량은 다른 '쌍둥이 원소'를 말한다. 동위원소를 이용해 고향을 알아낼 수 있는 이유는 지역마다 고유한 동위원소 비를 가지기 때문이다. 빗물이나 지하수, 암석, 토양 그리고 이를 바탕으로 성장한 식물, 식물을 먹은 동물은 모두 동일한 스트론튬 동위원소를 갖고 있다. 그리고 이를 섭취한 사람의 뼈나 치아 속 칼슘이 스트론튬과 치환되며, 뼈나 치아에는 스트론튬이 축적된다. 가령 생전 동위원소 비가 0.7인 토양에서 자란 식물을 섭취했다면, 치아에도 0.7의 동위원소 비가 나온다. 또 동위원소는 DNA보다 오래 보존된다. 특히 스트론튬 동위원소의 경우 반감기가 488억 년 정도로 매우 길어 오랜 시간이 흘러도 분석이 가능하다.

국내 동위원소 분석 기술은 세계적인 수준이다. 실제로 전쟁 실종자를 발굴하기 위한 미국 측 기관인 '국방부 전쟁포로 및 실종자 확인국(DPAA)'에서 KBSI의 시설을 견학하고 가기도 했다. 물론 한계는 있다. 우선 유해가 꼭 해당 지역의 음식만 섭취했으리라는 보장이 없다는 점

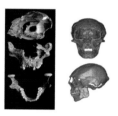

발굴된 유해의 손상이 심각한 경우엔 3D 스캐너와 프린터를 이용해 복원을 진행한다. 복원된 모습을 토대로 생전 사진과 비교해 가며 신원을 확인할 수 있다. © 국방부 유해발굴감식단

세월에 바랜 종이에 비교분광장치로 가시광선을 제외한 영역의 빛을 조사하자 보이지 않던 글씨가 드러났다. '고향에서 찾아오라. 함경남도 함흥시 서상리 97번지'라고 적혀 있다. © 국방부 유해발굴감식단

이다. 또 동 단위, 마을 단위의 동위원소 비를 확정하기 어렵다는 점도 한계다. 넓은 지역이 같은 값을 가진 경우도 있지만, 한 걸음만 걸어도 값이 달라지는 지역도 있다. 정창식 KBSI 책임연구원은 "동위원소 비를 이용한 신원 확인은 수사의 범위를 좁혀주는 방식이라고 생각하면 된 다"며 "시료가 매우 적고, DNA가 파괴돼 기존에는 국적조차 확인하기 어려운 유해에 대해 적어도 미국인인지 한국인인지는 확실하게 구분할 수 있다"고 설명했다. 연구진은 현재까지 남한 지역의 대략적인 동위원 소 지도를 구축했고, 이를 세분화하는 작업을 계속 진행하고 있다. 남북 이 본격적인 협력모드에 돌입한다면 북한 지역의 동위원소 지도를 구축 하는 일도 가능해진다.

육로로 남해부터 백두까지

"평창에 다녀온 분들 말이 평창 고속열차가 좋다고 하는데, 북에 오면 참으로 민망스러울 수 있겠다."

4 · 27 남북 정상회담 당시 김정은 국무위원장은 낙후된 북한 철 도의 상황에 대해 솔직하게 토로했다. 분단 이후 현재까지 철도를 통 해 남북으로 물자를 이송한 횟수는 448회다. 이송 횟수가 무색하게 북 한의 철도는 노후화가 심각하다. 철도의 길이는 5226km로 우리나라 (3918km)보다 길지만, 전체 레일의 30~40%가 일제강점기 시절에 건 설됐다. 여객열차의 속도는 시속 40~50km로, 시속 300km로 달리는 KTX에 비하면 걸음마 수준이다. 정상회담에 '철도, 도로 현대화'에 대 한 내용이 담기며 남북 간 철도 정상화에 대한 논의가 활발해지고 있다. '남북공동선언 이행추진위원회'는 연내 동해선 · 서해선 철도와 도로의 착공식을 개최할 계획이라고 밝히기도 했다. 북한과 철도를 연결하기 위해서는 노후화된 선로를 전반적으로 보강하는 것이 급선무다. 지금의 선로로는 KTX를 북한에 보낸다고 해도 달릴 수 없다. '한 길'처럼 열차 가 달리기 위해선 레일, 레일을 받치는 침목, 침목을 지지하는 땅, 플랫

북한의 노후 도로를 복구해
남북한의 도로를 연결하기
위한 연구도 진행되고 있다.
© Pixabay

폼, 전력 공급선 등 다양한 인프라가 필요하다. 하지만 북한의 인프라는
제대로 관리되지 않은 것으로 추정된다. 내구성이 약한 통나무를 침목
으로 쓰는가 하면, 열차가 지나가는 충격을 완화시키는 자갈도 미비한
곳이 다수다. 안정성이 떨어진다는 의미다. 따라서 첫 과제는 기본적인
철로 보강 작업이 될 가능성이 크다. 남북 철도가 가장 먼저 연결될 부
분은 동해선과 경의선이다. 경의선은 서울과 신의주를 잇고, 동해선은
부산에서 출발해 북한을 관통하고 러시아와 유럽까지 달리는 노선이다.
남북 철도를 시베리아횡단철도, 중국횡단철도 등 대륙철도와 연계하면
동북아시아를 순환하는 공동화차를 개발할 수 있다.

  문제는 철도 궤도의 폭이다. 한국 철도가 북한을 통과해 러시아로
운행할 경우 철도 궤도의 폭이 달라서 러시아 국경에서 환승이나 환적
이 필요하기 때문이다. 남한과 북한, 중국과 유럽의 철도는 러시아의 철
도와 궤도의 폭이 85mm가량 차이가 난다. 한국은 폭 1435mm의 표준
궤를 쓰지만, 러시아는 1520mm 광궤를 사용한다. 한국철도연구원 연
구팀은 볼펜 꼭지처럼 잠금장치가 있어서 궤간 폭을 조절할 수 있는 궤
간가변 대차(바퀴에 의해 레일 위를 주행하는 부분) 기술을 2014년 개
발했다. 개발된 궤간가변 고속대차를 적용하면 한국에서 출발한 열차

가 환승이나 환적, 또는 열차바퀴 교환 없이 바로 통과해 유럽까지 달릴 수 있다. 또 철도연은 열차 50량을 장대 편성할 수 있도록 성능을 높이는 연구를 3년째 진행하고 있다. 철도연이 개발 중인 궤간가변 대차는 유럽의 기술과 비교해 고속화, 장거리 운행, 유지 보수, 내한성 부분에서 매우 우수한 성능을 인정받았다. 박정준 철도연 미래혁신전략실장은 "동북아 공동화차는 북한과 러시아의 접경 지역인 두만강 쪽에서 활용도가 높을 것"이라며 "짧은 구간 내에서 여러 번 환승·환적하느라 소모되는 비용을 줄일 수 있다"고 말했다. 한편 철도연은 남북의 철도 통신시스템을 통합하는 연구도 진행하고 있다. 한 구간에 열차를 1대만 운행할 수 있게 하는 것처럼 통신시스템은 철도 운행의 안정성에 있어 핵심적인 요소다.

이번 회담에는 철도 정상화와 함께 남북 간 도로를 연결하는 사업도 거론됐다. 10만 8780km의 잘 포장된 도로가 굽이굽이 굽어지는 남한과 달리, 북한의 도로 길이는 총 2만 6176km로 남한의 4분의 1

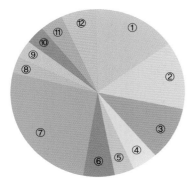

국제학술지에 발표된 북한 논문의 연구 분야

ⓒ SCOPUS

① 컴퓨터과학(15.5%)
② 수학(13.1%)
③ 물리학 및 천문학(10.1%)
④ 화학(4.8%)
⑤ 화학공학(3.6%)
⑥ 재료과학(6.0%)
⑦ 공학(26.2%)
⑧ 에너지(3.0%)
⑨ 지구 및 행성과학(3.6%)
⑩ 농업 및 생물과학(3.6%)
⑪ 다학제(4.2%)
⑫ 기타(6.5%)

북한과 망년지우(忘年之友) 되기
– 북한 과학기술 수준, 어디까지 왔나 –

중국 성어 중 망년지우(忘年之友)라는 말이 있다. 말 그대로 나이를 생각하지 않고 친구를 사귄다는 의미로, 그 유래에는 재주와 학문으로만 진정한 친구가 될 수 있다는 의미가 담겼다. 오래도록 폐쇄적인 사회 시스템을 유지해 온 북한의 과학기술 수준은 남한과 동일선상에서 비교하긴 어려운 수준이다. 학술정보 데이터베이스(DB)인 웹오브사이언스(Web-Of-Science)나 스코퍼스(SCOPUS)에 등재된 국제학술지에 최근 5년간(2013~2017년) 북한이 발표한 논문은 76건으로 나타난다.

한국연구재단이 2018년 5월 발간한 '북한의 최근 국제학술지 논문게재 실적'이라는 제목의 정책보고서에 따르면, 이는 한국이나 중국 연구자를 북한 소속으로 잘못 분류한 사항이 포함된 수치로, 실제 북한이 지난 5년간 발표한 논문은 20건 내외로 추정된다. 남한이 매년 수만 건의 논문을 쏟아낸다는 점을 고려하면 과학기술을 통해 친구가 된다는 것이 어려워 보이기도 한다.

하지만 북한이 갖는 강점이 있다. 북한은 특히 물질연구, 기계 및 시스템과학, 수치해석 분야에 강점을 갖고 있다. 공학적인 강점을 토대로 이미 10여 년 전부터 북한 교육계에서 '수학 올림피아드 출전' 바람도 불었다. 김일성종합대, 김책공업종합대, 평양과학기술대 등 소수의 대학을 중심으로 과학기술 연구가 활발히 진행되고 있으며, 중국, 유럽 등과 활발한 국제공동연구도 펼치고 있다.

북한은 자체적인 학술 저널을 통해 내부에서 공유·활용되는 연구 성과도 있다. 한국연구재단은 정책보고서의 말미에 화산 같은 지질학 분야, 비무장지대(DMZ)의 동식물 생태계 연구 등을 유력한 협력 연구 분야로 꼽았다.

한국철도기술연구원이 개발한
궤간가변 대차. 선로의 폭이
달라져도 열차가 주행할 수 있다.
© 한국철도기술연구원

에 불과하다. 더욱이 대부분의 도로가 비포장 상태로 운행 속도가 시속
40km 이하로 매우 낮다.

문제는 남북한의 기후 차이다. 위도가 높은 북한 지역은 남한 기
후와 확연히 구별된다. 겨울철에 도로가 얼고 날씨가 풀리면 녹기를 반
복한다면, 도로의 변형이 쉽게 생길 수 있다. 이 차이를 극복하고자 한
국건설기술연구원은 통일북방연구센터를 세워 북한의 도로를 복구하
고 재건하기 위한 연구에 돌입했다. 건설연이 설립한 'SOC(사회간접자
본)실증연구센터'는 경기도 연천군에 위치한다. 38선과의 직선거리가
13km에 불과한 북한과의 최접경 지역이다. 그만큼 실증연구센터의 날
씨도 북한 지역의 한랭한 기후와 비슷한 환경을 보인다. 특히 악천후 기
상재현 연구실험시설은 눈, 비, 안개 등 악천후를 재현하기 위해 설계됐
다. 총길이 650m의 4차선 도로 중 절반 구간에는 악천후가 펼쳐지고,
이 중 200m 터널 구간은 시간당 100mL 정도의 폭우가 내리도록 지어
졌다. 또 북한의 도로는 전력 수급 문제로 가로등이 제대로 켜지지 않
고, 길 안내 표지판도 거의 없다고 알려져 있다. 이 때문에 건설연 연구
진은 스스로 전력을 생산할 수 있는 태양광 가로등을 개발하고 있다.

북한 지역 광물자원 탐사

"지질탐사 사업에 전환을 일으켜 사회주의경제강국 건설을 다그치자."

2016년 9월 25일 개최된 '북한 전국지질탐사 부문 일군 열성자회의'에 김정은 국무위원장의 서한이 전달됐다. 이 서한에는 북한의 지하자원 탐사가 재래식 탐사 방법만 적용해 효율성이 낮은 만큼 현대 과학기술을 토대로 탐사 사업의 새로운 혁신이 필요하다는 지적이 담겼다. 김 위원장이 지하자원 탐사에 적극적인 이유는 광물자원이 북한 경제를 견인하는 '일등 공신'이기 때문이다. 북한의 연간 수출액 28억 달러(약 2조 9,932억 원) 중 광물 수출이 절반가량을 차지하며, 광업과 광공업은 북한 국내총생산(GDP)의 각각 12.6%와 34.9%를 차지한다(2017년 기준). 한반도의 과학기술이 협력 국면으로 들어섰을 때 지질 및 광물자원개발 분야는 가장 가시적인 효과를 볼 수 있는 분야다. 남한은 세계 5~6위권의 광물소비국이지만, 수요 광물의 92.5%를 수입에 의존하고 있다. 게다가 첨단 산업의 재료인 철, 동, 아연, 몰리브덴, 마그네사이트, 희토류 등의 광물은 수요가 많아 거의 전량 수입한다. 반면 북한은 마그네사이트와 흑연의 경우 세계 10위권 부존 규모와 생산 실적을 갖고 있다. 남한이 필요로 하는 광물종을 북한이 풍부하게 보유하고 있으며 이를 생산하고 있다는 의미다.

고상모 한국지질자원연구원 한반도광물자원개발(DMR) 융합연구단장은 "선캄브리아기(45억 년 전~5억 4000만 년 전)부터 신생대(6500만 년 전~현재)까지 전 지질시대에 걸쳐 지질학적 작용의 결과 현재 한반도의 지형 형태와 광물자원이 형성됐다"며 "고생대(5억 4000만 년 전~2억 5200만 년 전) 이전 남중국지괴에 속한 남한과 달리, 북중국지괴에 속한 북한 지역에는 철, 연-아연, 마그네슘 광상 등 광물자원이 풍부하다"고 말했다. 현재 북한 지역 광물자원 매장량을 정확히 알기는 어렵다. 북한이 광물자원에 대한 수급 통계 자료를 공개하지 않

북한이 지하자원 탐사에 적극적인 이유는 광물 수출이 연간 수출액의 절반가량을 차지하기 때문이다.

고 있기 때문이다. 1988년 발행된『조선지리
전서』가 북한 지역 광산별 매장량이 기재된 가
장 정확한 자료이지만, 30년이나 지난 자료인
만큼 최근 상황은 달라졌을 것으로 추정된다.

　　풍부한 자원과 달리 북한의 관련 기술
수준은 다소 떨어진다. 광물자원은 지질조사,
탐사, 평가, 채광, 선광, 제련 등 크게 6단계
과정을 거쳐 최종 산물인 순수한 금속 또는 정
제된 비금속화합물로 발굴되고 산업에 활용
된다. 단계마다 지질조사 기술, 탐사기술, 광
상평가기술, 채광기술, 선광기술, 제련기술
및 소재화 기술이 필요하다. 그간 북한은 기

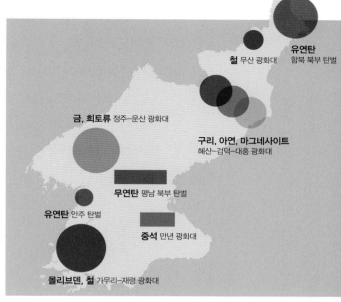

북한의 주요 8개 광화대
북한에는 8개의 광화대(광상 밀집
지역)가 있을 것으로 추정된다.
주요 광종은 철, 금, 구리, 아연,
중석, 무연탄, 유연탄, 몰리브덴,
마그네사이트, 희토류 등이다.
ⓒ 한국지질자원연구원

술을 습득하기 위해 주로 중국과 협력 연구를 진행해 왔다. 대표적인 공
동연구가 중국과학원(CAS) 산하 지구물리연구소와 북한과학원 산하 지
질학연구소 사이에 이뤄진 연구다. 이들은 1996년부터 20여 년간 동북
아 지역 지질에 관한 공동연구를 추진해 왔으며, 2016년 20주년을 기념
하는 학술대회를 개최해 북한 지질에 대한 연구결과를 대거 발표했다.
2006년 이후 발표된 북한의 지질 관련 SCI(과학기술 논문인용색인)급
논문은 대부분 중국과의 공동연구 결과로, 북한의 독자적인 연구결과는
거의 없다. 고 단장은 "북한에서 발간하는 정기간행물이나 단행본을 분
석해 보면, 분야별 북한의 기술 수준은 다소 낮은 것으로 평가된다"며
"가장 큰 문제는 열악한 인프라와 관련 기술 부족"이라고 말했다. 그는
또 "남한의 기술과 북한의 자원이 만난다면 시너지를 낼 수 있을 것으로
기대하는 이유"라고 설명했다.

　　남북이 광물자원 개발 협력 분위기를 조성한 건 이번이 처음이 아
니다. 2007년 남한에서는 북한의 검덕, 룡양 및 대흥 광산 개발 사업의
타당성 평가를 수행한 바 있다. 이때 북한 지역 광산의 장기적인 개발
가치와 광물종의 가격 전망, 시장 동향 등을 분석하는 타당성 평가가 진

행됐지만 남북 관계가 경색되면서 중단됐다. 지질 및 광물자원 분야에서 남북의 협력은 한반도의 형성 과정을 지질학적으로 규명해 완성시킨다는 학문적 의미도 있다. 지질학적 연구는 광상을 형성하는 환경을 이해할 수 있는 토대가 되는 만큼 이는 곧 새로운 광물자원을 확보하는 기반을 마련할 수 있다는 의미가 된다. 고 단장은 "수요 대비 공급이 부족한 광물종을 북한으로부터 공급받을 수 있는 기회가 될 수 있다"며 "북한의 원료 광물자원으로 한반도의 국제적 경쟁력을 높이는 동시에 동북아 자원벨트의 중심국으로 우뚝 설 수 있게 되는 것"이라고 말했다. 가령 마그네사이트와 티탄철석으로는 항공우주용 구조물이나 엔진 등에 쓰이는 튼튼한 금속재를, 희토류로는 영구자석을, 흑연으로는 '꿈의 신소재'로 불리는 그래핀을 개발할 수 있다.

이를 위해 한국지질자원연구원은 현재 북한의 8개 광화대(유용 광물이 모여 있는 지역) 중 잠재성이 높은 것으로 예상되는 3개 광화대(무산, 혜산–검덕–대흥, 정주–운산)를 대상으로 탐사 · 채광 · 선광 · 제련에 필요한 핵심 기술을 개발하고 있다. 고 단장은 "미래 광업 시장은 디지털화, 자동화, 원격화가 하나로 합쳐진 통합 시스템으로 운영될 것"이라며 "이를 통해 자원 개발에 필요한 모든 데이터의 실시간 분석이 가능해지고, 광업은 더욱 안전하고, 예측가능하며, 지속가능한 산업이 될 수 있다"고 말했다.

'백두산 과학기지'에서 분화 모니터링

지금으로부터 약 1000년 전인 946년, 백두산이 분화했다. 화산폭발 지수 7(화산 분출물의 양을 기준으로 1~8의 척도로 나눔) 규모의 폭발로 남한 전역을 1m 두께로 뒤덮을 수 있는 화산재가 쏟아져 나왔다. 2002~2005년 백두산에서는 약 3000회의 지진이 발생하고, 천지 일대가 수십cm나 부풀어 올랐다. 전문가들이 백두산을 언제든 분화 가능한 '슈퍼화산'으로 경고하는 이유다. 만일 백두산에서 화산폭발지수 5의 분

백두산 천지.
© Science Advances

화가 생기면 화산재는 고도 10km 위의 성층권까지 올라갔다가 함경도 쪽으로 향한다. 약 300만 명의 함경도 주민은 전기가 끊긴 암흑 속에서 살게 된다. 국제 사회에서 고립된 북한이 견디기 어려운 수준의 재난 상황에 처하게 되는 셈이다. 남북 과학기술협력이 백두산에서 이뤄질 가능성이 높은 이유다.

이윤수 한국지질자원연구원 책임연구원은 "백두산 분화 확률은 100%로, 그 시기와 규모를 예측하는 것이 관건"이라며 "이를 위해 백두산 천지 아래에 있는 마그마방의 상태를 조사하는 연구가 필요하다"고 말했다. 이 연구원을 포함한 국제공동연구진은 마그마방의 거동을 직접 파악할 수 있도록 국제대륙과학시추프로그램(ICDP)에 백두산 화산 마그마 조사 연구인 '엄마(UMMA, Ultra-deep Monitoring on Magma Activity) 프로젝트'를 제안한 상태다. 나무의 나이테처럼 백두산에는 화산 폭발의 역사가 기록돼 있다. 시추를 통해 퇴적물을 파내면, 백두산이 몇 년에 한 번씩 분화했으며 그 규모가 어느 정도였는지 파악할 수 있다. 또 심부관측을 통해 '초임계 유체'의 상태를 파악하면, 마그마방의

영국, 미국 등에서 참여한
국제공동연구진이 천지에서
채취한 암석 샘플.
ⓒ Science Advances

공동 연구 중인 북한 과학자들.
ⓒ Science Advances

거동을 실시간으로 예측하는 일도 가능하다. 초임계 유체는 고온·고압 상태에서 만들어지는 물질로, 밀도는 액체와 유사하지만 기체처럼 확산한다. 이 연구원은 "초임계 유체의 온도, 활동, 산성도(pH) 변화 등의 데이터를 모아 통계모델을 만든다면 백두산 분화 위험을 경보하는 시스템을 구축할 수 있다"며 "땅속에 있어 눈에 보이지 않는 마그마방을 간접적으로 확인하는 셈"이라고 설명했다.

백두산 공동연구는 지금까지 북한이 3차례에 걸쳐 제안하며 시행 목전까지 왔지만 결실을 맺지 못했다. 2007년 12월 남북 환경보건실무자회의에서 처음 제시된 뒤 전문가 그룹을 만들었지만, 2008년 금강산 피격 사건으로 남북관계가 경색되며 무산됐다. 아이슬란드 화산 폭발 이듬해인 2011년 3월에는 남한의 문산과 북한의 개성에서 두 차례에 걸쳐 전문가 회의가 열렸다. 그러나 북한이 막판에 거부해 종결됐다. 이 연구원은 "시추를 통해 핵실험 등 북한의 지질 활동 전반을 파악할 수 있다"며 "시추 연구에 '불순한 의도'가 있다고 생각해 거부했던 것 같다"고 말했다. 2015년 11월 북한의 세 번째 제안은 2016년 1월 북한의 6차 핵실험의 여파로 결렬됐다.

남북의 백두산 공동연구가 지연되는 사이 백두산은 장백산이라는 중국식 명칭으로 국제사회에 알려지고 있다. 북한은 2014년부터 미국 과학진흥협회(AAAS)의 후원하에 영국, 미국과 공동으로 백두산 지표면에 광대역 지진관측시스템을 설치해 마그마방의 거동을 살피고 있다. 남한은 '폐쇄적 상황'을 이유로 백두산 연구에서 한발 물러서 있는 상황이다. 이 연구원은 "'백두산 과학기지'를 세우고 천지 일대를 자유과학지대로 설정해, 연구자들이 자유롭게 장비를 공유하고 지식을 교류할 수 있는 토대가 마련돼야 한다"며 "참여 연구자의 신변 안전, 연구의 지속성 등이 우선 확보돼야 신뢰를 바탕에 둔 공동연구가 가능할 것"이라고 말했다.

임진강 홍수, 산림 황폐화 등 재난 대비

한반도 허리에서 북동쪽으로 길게 뻗은 임진강. 새 날개 모양의 강을 따라 상류에는 북한이, 하류에는 남한이 있다. 그간 임진강은 홍수 피해가 잦았다. 1996년, 1998년, 1999년 발생한 세 차례의 홍수로 128명의 인명피해와 9,000억 원의 재산피해가 발생했다. 2008년 북한은 군사분계선(MDL)으로부터 북쪽으로 42.3km 떨어진 지점에 황강댐을 건설했다. 임진강의 유역 관리와 전력 발전, 용수 공급이 목적이다. 하지만 황강댐 건설과 함께 또 다른 문제가 생겼다. 2009년 9월 북한이 황강댐 수문을 열어 기습적으로 방류하면서 임진강이 범람해 남한 야영객 6명이 숨지는 사고가 발생했다. 황강댐 방류로 접경지역 군부대에는 침수가 발생해 장갑차 등이 물에 잠기는 군사적 피해도 입었다.

임진강의 범람 위험은 많이 줄었지만, 황강댐 방류와 폭우가 동반할 경우엔 이야기가 달라진다. 한국과학기술정보연구원(KISTI)은 2017년 기상 변화로 인한 피해를 72시간 전에 예측할 수 있는 '재난대응 의사

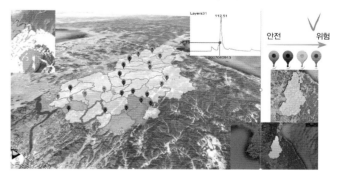

한국과학기술정보연구원이 개발한 '재난대응 의사결정시스템(K-DMSS)'으로 2007년 8월 임진강 주변의 홍수 피해를 예측한 결과. 붉을수록 홍수 피해 위험이 높다.
ⓒ 한국과학기술정보연구원

결정시스템(K-DMSS)'을 개발하고, 공군기상단과 함께 임진강 지역 홍수예측 시스템 구축까지 마쳤다. 이 시스템은 슈퍼컴퓨터를 기반으로 태풍 진로, 강우량, 홍수량 등에 대한 미래 예측 정보를 생산해 임진강 홍수 위험에 사전 대응하기 위해 개발됐다. 조민수 KISTI 슈퍼컴퓨팅서비스센터장은 "임진강, 북한강 등 남북 공유하천의 유량을 관리하는 일은 어느 한쪽이 도맡아서 할 수 없다"며 "우리가 보유한 슈퍼컴퓨터로 남북 공동의 문제를 해결할 수 있을 것"이라고 말했다. 북한은 현재 슈퍼컴퓨터급 고성능 컴퓨터를 보유하지는 않은 것으로 추정된다.

K-DMSS의 예측시스템은 슈퍼컴퓨터를 이용해 미래 시나리오를 생성하는 물리모델과, 과거의 기상 정보 빅데이터를 분석하는 통계모델에 기반을 둔 시스템으로 구성된다. 통계모델은 1시간 뒤의 단기적 상황, 물리모델은 1~2일 뒤의 중장기적 상황을 예측하는 데 유리하다. KISTI가 두 모델을 통합한 종합 시스템을 구축한 이유다. 조 센터장은 "임진강의 3분의 2는 북한 영토에 있어 태풍과 홍수 피해를 정확히 검증할 수 없다는 한계가 있다"며 "기온, 기압, 수증기 등에 대한 정확한 기상 정보와 임진강 주변 수문의 개수 등을 파악하면 예측 정확도를 높일 수 있다"고 말했다.

임진강을 둘러싼 경제적 효과도 기대할 수 있다. 임진강은 수도권 북부 지역의 용수공급원 역할을 할 수 있는 하천이지만, 우리나라는 지금껏 접경 지역에 위치한다는 이유로 수자원을 적극적으로 개발하지 못했다. 반면에 임진강의 상류를 접하고 있는 북한은 10여 개의 크고 작은 댐을 만들어 전력 발전에 활용하고 있다.

KISTI는 향후 이 시스템을 자연재해 예측 시스템으로 확대할 계획이다. 조 센터장은 "자연 재해 발생 자체를 막을 수는 없지만, 발생 시기와 규모를 미리 안다면 효과적으로 대응할 수 있어 피해 규모와 사후 복구 비용을 최소화할 수 있다"며 "슈퍼컴퓨터는 미래를 예측하기 위한 최적의 도구로, KISTI 슈퍼컴퓨터 5호기 역시 재난예측과 국가사회 안전 확보에 크게 기여하리라 기대한다"고 말했다.

북한에서는 매년 평양과 맞먹는 면적 이상의 산림이 황폐화되고 있어 산림 복구가 주요 관심사다. 사진은 나무가 많지 않은 산이 보이는 북한의 시골.

　한편 세계 3위 산림황폐화 국가로 꼽히는 북한의 산림 복구도 남북 협력이 가능한 분야다. 국립산림과학원이 분석한 바에 따르면, 지난 10년간 평양 면적의 11배에 달하는 1만 2000km²의 산림 지역이 황폐화됐다. 매년 평양과 맞먹는 면적 이상의 산림이 황폐화된 것이다. 2015년 김정은 위원장이 '산림 복구 전투'라는 용어를 사용했을 만큼 북한에서 산림 복구는 주요 관심사다. 특히 한반도의 토착수종인 소나무에 심각한 피해를 입히는 솔잎혹파리 같은 해충으로 인한 피해를 막는 환경친화적인 방제 기술 개발이 급선무다.

　박호용 한국생명공학연구원 책임연구원은 "1990년대부터 남북은 곤충병원미생물을 이용한 환경친화적 미생물 살충제 개발 등의 연구에 직간접적으로 협력해 왔다"며 "남한의 경험과 기술을 토대로 협력한다면 한반도를 넘어 중국, 러시아 등 동북아 지역의 산림 복구 및 생물다양성 보전 목표를 실현할 수 있을 것"이라고 말했다.

고구마 재배해 식량난 해결

    식량 부족은 오랫동안 이어진 북한 사회의 문제로 꼽힌다. 국제 사회에서 북한의 입지가 좁아지면서 식량 원조가 줄어든 탓에 상황이 나아지지 않고 있다. 2015년 기준으로 북한의 곡물자급률은 70~80%에 이른다. 참고로, 1960년대 90%였던 남한의 곡물자급률은 현재 24% 수준이다. 그간 김일성 정권은 옥수수, 김정일 정권은 감자로 식량부족 문제를 해결하고자 노력했다. 하지만 옥수수와 감자의 생산량을 늘리기 위해서는 첨단 기술이 필요했다. 어찌 보면 북한의 상황에 맞지 않았던 셈이다.

    현재 국내 과학계는 척박한 환경에서도 잘 자라는 고구마가 북한 식량 부족의 구원 투수가 될 것으로 전망하고 있다. 곽상수 한국생명공

2006년 남북 연구진이 북한의 감자밭에서 현지 조사를 펼치고 있다.
ⓒ 박호용

학연구원 책임연구원은 "북한의 식량 및 영양수준은 남한의 1960년대와 비슷하다"며 "황폐한 토양, 부족한 비료와 화학농약 영양 등을 종합적으로 고려할 때 고구마가 북한 식량 부족의 대안으로 제격"이라고 말했다. 우선 고구마는 탄수화물을 제공하는 전분 작물 중에서 수분 이용량이 가장 적다. 비료가 없어도 잘 자라 재배하기 쉽다. 또 항산화능력이 높아 방사능으로 오염된 토양에서도 다른 작물에 비해 비교적 잘 자라는 편이어서 핵실험으로 오염된 북한의 토양에도 적합하다. 재배 시 얻을 수 있는 단위면적당 탄수화물 함량이 가장 높아 영양학적으로도 우수하다. 일본 농림수산성이 2003년 발표한 자료에 따르면, 단위면적(1000m²)에서 1년에 옥수수는 1명, 쌀은 2.4명, 감자는 3.4명, 고구마는 3.9명을 부양할 수 있는 탄수화물을 생산한다. 고구마가 단위면적당 탄수화물 함량이 가장 높음을 확인할 수 있다.

북한도 고구마를 재배하고 있지만 생산량은 낮다. 국제연합식량농업기구(FAO)의 2016년 조사에 따르면, 북한은 총 면적 320km²에서 연간 43만 6000t(톤)의 고구마를 생산한다. 고구마는 위도가 높을수록 생산량이 증가해 북한이 남한보다 재배에 유리하다. 1990년대의 남한이 1만m²의 토양에서 22t의 고구마를 수확했지만, 북한은 현재도 1만m²에서 13.6t의 고구마를 수확하는 수준이다. 곽 연구원은 "적합한 품종을 고르고 생육 방식을 달리한다면 단위면적당 수확량을 두 배 이상 높여 25t가량 생산할 수 있을 것으로 추정한다"며 "옥수수, 감자, 밀 등의 재배지를 고구마 밭으로 전환하면 식량난을 상당부분 해결할 수 있다"고 말했다.

2006년 당시 과학기술부는 '남북과학기술교류협력사업'의 일환으로 '한반도 식량 해결을 위한 내한성 고구마 개발'이라는 연구를 수행한 바 있다. 우리나라 과학자들은 2006년 7월, 2007년 5월 북한에 방문해 평양농업과학원 산하 농업생물학연구소, 북한 밭작물연구소 고구마육종연구실과 함께 협력 방향을 논의했다. 고구마를 이용해 북한 식량 부족 문제를 해결하고자 남북이 머리를 맞댈 경우 일차적으로는 북한 지역에 적합한 고구마 품종을 선발하는 작업부터 진행해야 한다. 이후 무균 묘를 생산해 북한 현지에 시범적으로 재배해야 한다. 이후 양산 체계를 구축하고 적정 저장기술을 마련하는 순차적인 과정이 필요하다. 장기적으로는 고구마를 이용해 기능성 건강식품을 개발하는 식의 고부가 가치 사업도 가능하다. 곽 연구원은 "255년 전 대마도를 통해 한반도로 들어온 고구마는 남한을 거쳐 북한까지 퍼졌다"며 "공동연구를 통해 북한의 식량난을 해결하고 남한의 식량 수급 불균형 문제를 해결하는 데도 도움을 줄 수 있을 것"이라고 말했다.

한의학과 고려의학의 시너지

전통의학을 일컫는 남한과 북한의 단어는 서로 다르다. 남한에서는 '한의학'으로, 북한은 '고려의학'으로 지칭한다. 한의학과 고려의학은 모두 동의보감을 비롯한 전통 의학과 민족 고유의 의약 경험으로부터 유래했다는 점에서 실질적으로 동일하다. 남북이 가장 수월하게 협력을 시작할 수 있는 분야라는 의미다.

분단 이후 한의학과 고려의학은 몇 가지 차이가 생겼다. 남한은 '대한민국약전'과 '대한민국약전외한약(생약)규격집'에 의해 한약의 기준을 정한다. 반면 북한은 '조선민주주의인민공화국 약전(북한 약전)'으로 고려약의 품질규격을 수록하고 있다. 이에 따라 약물을 부르는 방식에도 차이가 생겼다. 가령 남한 약전에 황기, 길경, 결명자라고 부르는 약재를 북한에서는 각각 단너삼, 도라지, 결명씨라고 한다. 한자를 최소화하고 순우리말에 가깝게 부르는 게 특징이다. 몇 가지 고려약은 한약과 다른 기원을 쓰기도 한다. 가령 폐질환에 쓰이는 사삼(沙蔘)의 경우 한약은 잔대를 재료로 삼지만, 고려약은 더덕을 쓴다. 천식 치료에 쓰이는 전호(前胡)는 한약에서는 바디나물을 쓰지만, 고려약에서는 생치나물을 쓴다.

이준혁 한국한의학연구원 한의정책연구센터장은 "한의학의 이론

남한의 한의학과 북한의 고려의학은
모두 동의보감에서 시작됐다.

체계와 처방은 남북이 공유하는 소중한 민족 문화"라며 "공동연구와 협력을 통해 일부 차이점을 극복해 나갈 수 있다"고 말했다. 2001~2008년 전통의학 분야에서 남북 교류는 활발한 편이었다. 인도적 차원의 물품 지원과 함께 2003년과 2006년에는 한의학 학술토론회가 평양에서 개최되기도 했다. 하지만 당시에는 기본 정보를 교류하는 수준에 그쳤을 뿐 실질적인 연구 협력으로 확대되지는 않았다.

남북의 전통의학은 상호 협력했을 때 시너지 효과가 큰 분야 중 하나다.
ⓒ Pixabay

전통의학에 대한 높은 관심과 풍부한 임상 경험은 고려의학이 가진 장점이다. 북한은 1990년대 이후 경제난과 동구권 국가들의 붕괴로 신약 공급체계가 와해됐다. 벼랑 끝에 몰린 북한이 선택한 전략은 고려의학을 발전시키는 것이었다. 남한의 한의학 정부연구기관인 한국한의학연구원에 해당하는 북한 고려의학과학원을 중심으로 2016년에는 5만여 건의 민간요법을 이론적으로 체계화했다. 또 고려약 위주로 제약 공장을 세우고, 의료 인력 양성과 진료에도 양·한방을 병행했다. 1995년 이전에는 현대의학에 뿌리를 둔 치료가 80%였지만, 최근에는 전통의학이 80% 이상을 차지하고 있다.

북한은 남한과는 다른 식생대에 분포하는 만큼 남북 협력연구가 이뤄질 경우 남한에 존재하지 않는 새로운 한약 자원을 획득하고 연구할 수 있다. 2011년 개정된 북한 약전 제7판에는 고려약제 471종과 고려약 제제 254종이 실려 있다. 이 센터장은 "남북 전통의학협력센터를 설립해 공동연구를 진행한다면 우리나라는 북한의 한약 자원을 공유할 수 있는 기회를 얻게 된다"며 "전통의학 협력 연구는 일종의 작은 통일과 마찬가지라고 생각한다"고 밝혔다.

매크로 프로그램

'any procedure
Private crValu

Public ReadOn
Get
Retr
End Get
End Proper

Public S
crV
End Sub
End Class

박응서

고려대 화학과를 졸업하고, 과학기술학 협동과정에서 언론학 석사학위를 받았다. 동아일보《과학동아》에서 기자 생활을 시작했고, 동아사이언스에서 eBiz팀과 온라인 뉴스팀에서 팀장을,《수학동아》,《어린이 과학동아》부편집장을 역임했으며, 현재는 머니투데이방송 테크M에서 부장으로 있다. 지은 책으로는 『테크놀로지의 비밀찾기(공저)』, 『기초기술연구회 10년사(공저)』, 『지역 경쟁력의 씨앗을 만드는 일곱 빛깔 무지개(공저)』, 『차세대 핵심인력양성을 위한 정보통신(공저)』 등이 있다.

'매크로 프로그램' 유용 프로그램이지만 악용하면 큰 문제!

2018년 4월 13일 한겨레신문이 '정부 비방 댓글 조작 누리꾼 잡고 보니 민주당원'이라는 특종 기사를 냈다. 다른 매체에서도 이를 따라 보도하기 시작하면서 '드루킹 여론 조작 사건'이 크게 이슈화됐고 특검까지 받았다. 2018년 한 해를 뜨겁게 달군 드루킹 사건은 댓글 조작에 매크로 프로그램을 사용했다고 한다. 매크로 프로그램 사용자는 구속돼 재판에 넘겨졌다. 매크로 프로그램이 뭐길래, 특검을 할 정도로 엄청난 화제를 일으킨 것일까. 프로그램 사용자가 구속될 정도면 매크로 프로그램은 범죄자가 사용하는 불법 프로그램일까.

드루킹 사건이란?

먼저 드루킹 여론 조작 사건에 대해 살펴보자. 보도에 따르면 이는 김동원이라는 본명을 가진 블로거 '드루킹'과 그의 조직이 벌인 인터넷 여론 조작 사건이다. '경제적 공진화 모임(이하 경공모)' 카페 회원이면서 더불어민주당(이하 민주당) 당원인 이들 3인은 2018년 1월에 카페 회원 아이디를 동원해 매크로 프로그램으로 남북단일팀 논란 기사에 '국민들 뿔났다', '땀 흘린 선수들이 무슨 죄냐' 같은 현 정부를 비난하는 댓글을 달고 이에 대한 추천 수를 높였다. 당시 두 댓글은 추천 수 4만 건을 넘으면서 최상위에 노출됐다. 이들은 이렇게 인터넷 여론을 조작하다 3월 22일에 체포돼 구속됐다. 매크로 프로그램은 한꺼번에 여러 댓글을 달거나 추천 수를 자동으로 올라가게 만들 수 있다. 이들은 2017년까지 문재인 대통령이나 민주당에 유리한 방향으로 매크로 프로그램을 이용해 인터넷 기사 댓글 조회 수를 조작하다가, 자신들이 요구한 인사청탁을 거부당한 시점부터 현 정부와 여당에 불리한 방향으로 댓글을 조작한 것으로 확인됐다.

SBS '김어준의 블랙하우스'에서 네이버 댓글 조작 의혹을 제기했다.
ⓒ SBS

드루킹은 각종 포털에 국내외 정세를 분석해 글을 포스팅하는 정치·경제 분야 파워블로거다. 그의 블로그는 누적 방문자 수가 2018년 9월 현재 1010만 명이 넘을 정도로 누리꾼에게 인지도가 있으며, 일반인이 얻기 어려운 정보를 제공해 사람들의 주목을 끈 것으로 알려져 있다. 미디어펜에 따르면 드루킹은 19대 대선 직후에 육아정보 카페 '세상을 이끄는 맘들'을 열어 회원들에게 민주당 당원으로 가입하라고 권유하고 가입 방법을 공지하기도 했다. 또 블로그 '경제도 사람이 먼저다'에서도 가입과 접속을 권유하는 홍보 활동을 펼쳐온 것으로 알려졌다. 여러 매체에 따르면 그가 사용하는 인터넷 닉네임 드루킹은 인기 게임이었던 '월드 오브 워크래프트'에 등장하는 고대 유럽 마법사 캐릭터인

드루킹 일당뿐만 아니라
한나라당도 '매크로 프로그램'을
이용해 댓글 조작을 한 것으로
드러났다.

'드루이드'와 왕을 뜻하는 '킹'을 합쳐서 지었을 것으로 추정하고 있다. 그는 느릅나무 출판사 대표와 경공모 대표로도 활동했다. 경공모는 그가 이끈 인터넷 정치·사회 모임이다. 이 사건은 2018년 1월 SBS '김어준의 블랙하우스' 방송에서 네이버에 게시된 평창 동계올림픽 남북 아이스하키 단일팀 구성과 관련한 기사에 달린 현 정부 비판 댓글에 '매크로' 조작이 이뤄지고 있다는 의혹을 제기하면서 시작됐다.

이 방송을 본 누리꾼들이 곧바로 청와대 청원 게시판에 네이버에 대한 수사를 촉구하는 글을 올리고 이에 다수가 동의하면서 이슈가 됐다. 하지만 네이버 측은 시스템적으로 매크로 조작이 발생할 수 없다며 조작 사건 자체를 부정했다. 그런데 1월 말 더불어민주당에서 이 댓글 조작 의혹 사건을 경찰에 고발했다. 그러자 댓글 조작을 방조하고 있다며 누리꾼에게 비판받던 네이버도 업무방해를 당했다며 경찰에 고소했다. 그리고 사건을 배당받은 서울경찰청 사이버수사대가 2월 7일부터 수사를 시작했다. 수사 결과 이상한 사실이 드러났다. 현 정부와 여당에 불리하도록 여론을 조작해 구속된 드루킹 일당이 여당 당원들이었기 때문이다. 경찰 수사에 따르면 드루킹 일당은 2018년 1월 17일과 18일 이틀간 아이디 2290개를 이용해 총 675개 기사에 달린 댓글 2만여 개에 매크로 프로그램을 실행하며 210만여 회에 걸쳐 부정 클릭을 한 것으로 확인됐다. 이들은 댓글을 조작하려고 매크로라는 컴퓨터 프로그램과 이를 구현하는 서버인 '킹크랩'을 이용한 것으로 밝혀졌다. 또 보안이 뛰어난 메신저 프로그램인 '텔레그램'으로 김경수 당시 민주당 의원과 수백 건의 메시지를 주고받은 정황도 확인됐다.

이와 별도로 여러 매체에서 자체적으로 진행한 조사에서 드루킹 일당은 18대 대선에서부터 본격적으로 활동하기 시작했고, 19대 대선에서는 민주당 문재인 후보 등록 전에 반기문 유엔 사무총장에 대한 악성 댓글을 집중적으로 올렸고, 후보 등록 즈음에는 안철수 후보에 불리하며 문재인 후보에 유리한 댓글 활동을 펼친 것으로 나타났다. 또 19대 대선 이후에는 자신들이 지지하는 차기 대선 후보인 안희정을 위한 댓글 활동을 펼친 것으로 파악됐다. 2018년 5월 21일에는 드루킹 댓글 조작을 수사하기 위한 '특별검사법안'이 국회 본회의를 통과했다. 특검 팀은 6월 29일부터 수사를 시작해 8월 25일 수사를 종료했다. '드루킹' 댓글 조작 의혹을 수사해 온 허익범 특검은 8월 27일 오후 서울 서초동 사무실에서 지난 60일간 수사 결과에 대해 대국민 보고를 하고 공식적으로 수사를 마쳤다.

특검은 김경수 경남도지사의 유죄를 입증할 만한 물증 확보에 실패했고, 경공모 핵심 회원 2명만 구속하는 데 그쳤다. 법조계 안팎에서는 '용두사미'라는 평가가 나왔다. 11월 현재 드루킹 재판은 진행 중이다. 이들에게 어떤 판결이 내려질지는 미지수다. 법학전문가들에 따르면 '여론 조작' 혐의를 적용할 수 있는 현행법이 없다. 다만 정보통신망법에는 통신의 안정적 운영을 방해할 목적으로 대량의 신호나 데이터를

2007년 대선 당시 이명박 한나라당 후보 캠프 '사이버팀'에서 일했던 ㄱ 씨가 주요 선거에서 어떻게 매크로 프로그램을 활용했는지 증언하고 있다. 아래는 당시 매크로를 활용한 댓글 흔적들. '한겨레TV' 영상 갈무리.
© 한겨레신문

보내 정보통신망에 장애를 일으키는 행위를 금지하는데, 드루킹 일당이 이에 해당할 가능성이 높다는 것이 법학전문가들의 예상이다.

매크로 프로그램으로 여론 조작은 2006년부터

그런데 드루킹 일당보다 먼저 인터넷 매크로 여론 조작을 시작한 조직이 있었다. 바로 자유한국당의 전신인 한나라당이다. 2018년 6월 한겨레신문 보도에 따르면, 한나라당은 2006년 선거부터 '매크로 프로그램'으로 포털에 댓글을 달며 여론 조작을 해 온 것으로 나타났다. 더욱이 정당의 공식 선거운동 조직이 매크로로 여론 조작을 벌인 정황이 드러난 첫 사례이기도 하다. 2004년부터 2012년까지 당시 한나라당에서 일했던 ㄱ씨는 "2006년 지방선거를 시작으로 각종 선거 캠프에 온라인 담당자로 참여했으며, 매크로 프로그램으로 댓글을 달거나 공감 수를 조작하는 행위를 지속적으로 했다"고 폭로했다. 심지어 한나라당의 후신인 새누리당은 2014년 6·4 지방선거에서 매크로를 동원해 '가짜뉴스'를 유포한 정황까지 확인됐다.

그해 6·4 지방선거 새누리당 중앙선거대책위원회 소셜미디어(SNS) 소통본부 상황실이 개설한 카카오톡 채팅방 대화록 전체를 입수해 보도한 한겨레신문에 따르면, 이들이 SNS에 유포한 콘텐츠에 이른바 가짜뉴스라고 알려진 허위사실이 다수 포함돼 있었다. 한나라당에서 매크로를 사용한 정황이 사실이라면 이는 당직자가 연루된 사건이 된다. 민주당원이었던 드루킹 여론 조작 사건보다 더 큰 문제가 될 수 있다. 그러나 17대 대선에서 SNS 책임자였던 정두언 전 의원이 몰랐다고 주장했고, 제보자도 당시 한나라당 고위직이 매크로 사용을 알고 있었다는 증언은 하지 않아, 당시 한나라당 의원이나 고위직이 연루된 증거를 찾지 못하면 하위 당직자들만 처벌받고 끝날 수도 있다. 게다가 법적으로 공직선거법 공소시효가 지나 업무방해죄로만 처벌할 수 있다.

매크로는 한 번에 여러 작업 처리하는 편리한 기능

이제 매크로 프로그램에 대해 알아보자. 매크로 프로그램은 최근에 불법적으로 사용하는 사례가 많이 등장해 문제가 되고 있을 뿐이지, 일반적으로는 유용한 프로그램이다.

먼저 매크로라는 단어를 사전에서 찾아보면 다음처럼 설명한다. ① 컴퓨터에서 하나의 명령으로 여러 가지 명령을 일괄적으로 수행하도록 하는 조작. ② 일부 명사 앞에서 관형어로 쓰여, 아주 큰 것 또는 거대한 것을 이르는 말. 이번에 문제가 된 매크로 프로그램은 첫 번째에 해당한다.

컴퓨터 프로그램인 아래아한글과 엑셀을 비롯한 여러 컴퓨터 프로그램은 프로그램 내부에 자체적으로 매크로를 활용할 수 있도록 매크로 기능을 포함하고 있다. 필요한 반복 작업을 매크로로 저장해서 편리하게 사용하도록 애초부터 설계한 것이다. 이처럼 매크로는 편리한 기능으로 불법과는 거리가 멀다. 실제로 아래아한글에서 매크로 기능을 실행해 보면 편리함을 쉽게 확인할 수 있다. 다만 매크로 기능은 여러 번 작업해야 하고 복잡하게 반복해야 하는 작업에 유용하다. 한두 번 하면 해결되거나 간단한 작업이면 직접 하는 것이 빠를 수 있기 때문이다. 아래아한글에서 일반적으로 많이 사용하는 매크로는 컨퍼런스 발표 자료나 보고서처럼 일정 양식에 따라 여러 문서를 동일한 규칙에 따라 소제목, 중제목 등을 일괄적으로 적용해야 할 때다. 특히 외부 기관에 있는 다양한 필자로부터 받은 몇 개의 원고를 같은 양식으로 변경할 때 매크로가 힘을 발휘한다.

예를 들어 '빈칸 정리하기' 매크로를 만들어 사용하면 다음과 같다. 빈칸은 한 칸만 적용해야 하는데, 실수해서 두 칸을 적용한 경우가 종종 있다. 이것을 눈으로 찾아서 수정하려면 쉽지도 않을뿐더러 시간 낭비도 심해진다.

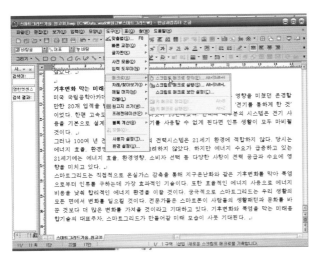

아래아한글에서 매크로 기능을 적용하려면 원하는 기능을 정의부터 해야 한다.

아래아한글과 엑셀 같은 주요 프로그램은 매크로 기능 탑재

먼저 '한글 2017'의 경우 메뉴에서 '도구 > 매크로 > 스크립트 매크로 정의'를 선택해 매크로 기능의 정의를 시작한다. 즉 'Alt+Shift+H'에 매크로를 저장하기로 선택하고 정의를 선택한다. 이때부터 작용하는 기능이 그대로 저장된다. 이때 엉뚱한 것을 누르거나 컴퓨터가 인식할 수 없는 작업을 하면 처음부터 다시 저장해야 한다. 컴퓨터는 어떤 경우에도 동일하게 적용할 수 있는 명령을 줘야만 우리가 원하는 기능을 실수 없이 처리한다. 마우스를 이용하면 마우스 시작점과 끝점이 매번 달라질 수 있어서 이를 활용할 수 없다. 따라서 '단축키'로 알려진 키를 키보드를 이용해 입력하며 작업해야 한다.

문서 전체에 적용해야 하므로 전체 범위 선택을 시작한다. ① 'Ctrl+PgUp' 키를 선택해 문서 처음 위치로 이동한다. ② 'F3' 키를 선택해 범위 선택을 시작한다. ③ 'Ctrl+PgDn' 키를 선택해 문서 마지막까지 선택을 완료한다. ④ 'Ctrl+F2' 키를 선택해 '찾아 바꾸기' 기능을 시작한다. ⑤ 'Space' 키를 이용해 빈칸 2칸을 입력한다. ⑥ 'Tap' 키를 이용해 아래 칸으로 이동한다. ⑦ 'Space' 키를 이용해 빈칸 1칸을 입력한다. ⑧ 'Alt+A' 키로 '모두 바꾸기'를 실행한다. ⑨ 알림창이 뜨면 'Alt+Y' 키로 '전체 찾음'을 실행한다. ⑩ 'Enter' 키로 완료한다. ⑪ 'Esc' 키를 2번 선택해 '찾아 바꾸기' 기능을 종료하고, 범위 선택을 취소한다. ⑫ 마우스로 매크로 저장을 멈춘다. 여기서 '찾아 바꾸기' 기능은 스스로 문서 전체를 선택해 작업하므로 전체 범위를 선택하는 ①~③과정을 생략해도 괜찮다.

이렇게 아래아한글과 같은 프로그램 자체에서 제공하는 매크로 기능을 이용하는 방법이 일반적인 매크로 기능 활용법이다. 마이크로소프트 엑셀 프로그램에서도 이와 비슷하게 매크로를 활용할 수 있다. 엑셀에서는 먼저 '파일 〉 옵션 〉 리본 사용자 지정'에 차례로 들어간 뒤 '개발 도구'를 체크하면, 메뉴에 개발 도구 탭이 생긴다. 이제 '개발 도구 〉 매크로 기록'을 선택하고 원하는 작업을 차례대로 기록한 뒤 '기록 중지'를 누르면 매크로가 완성된다.

원하는 단축키를 선택하고 정의를 시작한 뒤, 원하는 기능을 차례로 실행하고 기록을 종료하면 매크로 기능이 완성된다. 단축키로 계속 실행하면 해당 작업을 간편하게 반복해 수행할 수 있다.

　　다른 프로그램에서도 반복 기능을 활용하고 싶은데, 프로그램에서 매크로 기능을 제공하지 않는다면 어떻게 할까. 인터넷에서 검색하면 어렵지 않게 매크로 프로그램을 구할 수 있다. 그 프로그램 사용법을 익힌 뒤에 자신이 원하는 반복 기능을 적용해서 실행하면 간단하게 매크로 프로그램을 활용할 수 있다.

　　이처럼 매크로 프로그램은 반복 작업을 수월하게 하는 기능이다. 예를 들어 인터넷에서 특정 사이트에서 반복되는 로그인 과정을 매크로로 등록해 간편하게 처리할 수 있다. 또 자신이 선택한 특정 게시판에 원하는 키워드가 들어간 게시물을 검색하는 작업을 저장해, 여러 게시판을 간편하게 검색하도록 만들 수 있다. 이를 확장하면 특정 게시판에서 특정 이슈가 발생했을 때 자신의 휴대전화로 메시지가 발송되도록 만들 수도 있다. 이처럼 매크로는 아날로그에서는 어쩔 수 없이 수동으로 여러 번 반복해야 하는 과정을 컴퓨터 같은 디지털 시스템에서 자동화하거나 간편화해서 편리하게 이용할 수 있게 돕는 유용한 프로그램이다. 다른 사람에게 직접적인 영향을 주지 않는 선에서는 문제도 없고 합법적인 프로그램이다.

'제로섬 게임'에 매크로 사용하면 불법?

　　문제는 매크로 프로그램이 다른 사람들에게 직접적인 영향을 줄 수 있는 상황에 쓰일 때다. 이번 드루킹 사건이 대표적인 사례다. 또 다른 예는 특정 시간에 오픈되는 명절 기차표 예매, 유명한 아이돌 그룹 콘서트 예매, 프로야구 경기 예매와 같이 수요가 한정되고 인기 높은 사안에 매크로를 사용하는 경우다. 더 정확하게는 매크로 프로그램을 이용해 누군가 이익을 보면 그만큼 누군가는 피해를 볼 수밖에 없는 '제로섬 게임 규칙'이 적용되는 사안이다.

누구에게나 똑같은 조건에서 공평하게 시행된다고 생각하는 '추석이나 설날 기차표 예매' 같은 작업에 매크로 프로그램을 이용하면 어떤 사람에게는 매우 손쉬운 예매가 되는 반면, 나머지 사람들에게는 기회를 빼앗기는 상황이 벌어지기 때문이다. 특히 최근에는 매크로 프로그램을 암표상 같은 불법적인 사용자들이 이용하면서 문제가 더 커지고 있다. 실제로 온라인 암표상들이 매크로 프로그램을 이용해 유명 아이돌 그룹 콘서트 티켓을 예매한 뒤 이를 고가에 판매하고 있다.

2017년 6월 동아일보는 '방탄소년단 홈 파티 행사 티켓 예매'와 관련한 기사에서 많은 공연이 예매 시작 몇 분 만에 매진되는 비밀이 매크로 프로그램에 있다고 보도했다. 기사에서 기자는 인터넷 암표상이 사용하는 프로그램인 티켓 자동 예매 프로그램(매크로)을 30분 만에 인터넷으로 돈을 주고 구매했다. 구매한 이 프로그램으로 티켓 예매 1단계에서 4단계까지 이동하는 데 9초가 걸린 반면, 매크로 프로그램 도움 없이 순수하게 시도했을 때는 19초가 걸린 것으로 나타났다. 매크로 프로그램을 사용하면 예매 시 압도적으로 유리하다는 사실이 확인된 셈이다. 아이돌 팬들 사이에서도 매크로 프로그램 사용이 만연한 것으로 확인되고 있지만, 어떻게 할 수 없는 상황이다. 문제는 암표상 같은 악의적 사용자들이 다량의 티켓을 구매해 티켓 재판매에 나서면서 실질적 소비자에게 피해가 발생한다는 것이다. 해당 기사에 따르면 온라인 암표상들은 3만 3,000원짜리 방탄소년단 홈 파티 티켓의 재판매 가격을 10만 원부터 50만 원까지 불렀다. 또 아이돌 오디션 프로그램 '프로듀스 101 시즌2'의 경우 2017년 7월 1일 '피날레 콘서트' 티켓(정가 7만 7,000원)의 재판매 가격이 최소 30만 원에서 최대 120만 원까지 등장하기도 했다. 프로야구 주말 경기 티켓도 정가에서 3만 원~5만 원을 얹어서 재판매하고 있었다.

이 같은 온라인 암표 거래는 주로 중고제품을 사고파는 카페나 앱, 티켓 거래 전문 사이트에서 이뤄진다. 소셜네트워크서비스나 카카오메신저, 휴대전화를 이용해 개별적으로 거래가 이뤄지기 때문에 단속이나 처벌이 쉽지 않다. 특히 인터넷 암표 거래는 법적으로도 처벌할 수 있는 뚜렷한 방법이 없다는 것이 현실이다.

이처럼 매크로 프로그램은 드루킹 사건과 별개로 오래전부터 사용돼 왔다. 블로그가 한창 인기를 얻을 때는 일부 인터넷 마케팅 업체들이 블로그 포스팅 조회 수와 댓글을 늘리고, 검색 결과를 상위에 노출하려고 매크로를 이용했다. 학원가에서도 온라인 강의에 대한 인기 경쟁으로 댓글 팀을 만들어 활동한 것으로 확인되고 있다. 2017년 1월 입시학원가에서 '삽자루'라는 별칭으로 알려진 수학강사 우모 씨가 한 인터넷 강의업체가 홍보를 위해 댓글 알바를 지속적으로 운영한 증거가 있다며 관련 동영상을 유튜브에 공개했다. 동영상에서 우 씨는 이 업체가 6인 1조 '댓글 알바 팀'을 상시적으로 여러 개 운영하며, 수험생이 많이 가는 커뮤니티에서 조직적으로 댓글을 조작해 왔다고 밝혔다. 우 씨가 제보자를 통해 확인한 업체 지침에는 "무한패스 방금 결제했는데 어떻게 듣나요?"와 "문학 쪽이 강하니 비문학은 B 강사로 듣길 권한다"와 같은 예시글이 제시돼 있었다.

대학에서 특정 강의에 수요가 몰리면서 원하는 강의 수강 신청을 성공적으로 해내려고 매크로 프로그램을 이용하는 학생들이 늘고 있다. 수강 신청으로 학사시스템이 다운되는 일이 종종 벌어질 정도로 대학의 모든 학생이 동시에 몰려 단 몇 초 만에 수강 신청 결과가 달라진다. 이렇다 보니 매크로 프로그램을 이용하는 학생들이 갈수록 늘어나고 있다. 대학 수강 신청 시 한 대학에서 학생 수만 명이 동시에 서버에 접속할 때는 트래픽이 순식간에 늘어난다. 이때 매크로 프로그램을 이용하는 학생이 많으면 서버에 과부하가 일어난다. 결국 서버가 다운되면서 학생과 대학 모두 불편과 피해를 입는다. 심할 경우 행정 업무가 마비되

대학에서의 수강신청도 한꺼번에 수많은 학생들이 몰려서 원하는 과목을 수강하기 어렵다. 이때 많은 학생들이 매크로 프로그램을 사용하면 서버가 다운될 수도 있다.

'키보드/마우스 매크로 V2'는 인터넷에서 쉽게 구할 수 있는 매크로 프로그램이다. 윈도에서 원하는 반복 작업을 기록한 뒤 반복해서 사용한다.

고 수강 신청이 미뤄지면서 많은 이들에게 시간적 또는 경제적 손실이 발생할 수 있다.

컴퓨터만 많으면 하루에 수만 개 댓글 가능

매크로 프로그램은 프로그램마다 차이가 있다. 인터넷에서 쉽게 구할 수 있는 무료 프로그램부터 다양한 최신 기술과 어떤 경우에도 작동할 수 있는 기능을 포함한 프로그램까지 천차만별이다. 기술 수준에 따라 수만 원에서 수백만 원까지 가격도 다양하다. 또 프로그램을 제대로 작동할 수 있도록 도와주는 서버와 같은 하드웨어 장치를 함께 구입해야 하는 경우도 있다.

드루킹이 사용한 매크로 프로그램은 '킹크랩'이라고 부르는 자체 서버를 함께 이용하는 고가 프로그램으로 추정되고 있다. 드루킹이 사용한 매크로 프로그램의 작동 원리는 정확하게 밝혀지지 않았다. 하지만 매크로 프로그램을 판매하는 업체로부터 들은 내용을 토대로 매크로 프로그램이 작동하는 일반적인 과정을 살펴보면 다음과 같다.

먼저 다수의 네이버 아이디와 스마트폰, 컴퓨터를 준비한다. 그리고 컴퓨터에 매크로 프로그램을 설치한 뒤 댓글 조작에 들어간다. 이렇게 하면 기사를 찾아서 하나의 댓글을 달고 하나의 공감을 누르는 데 2~3분이 걸린다. 이때 컴퓨터가 10대면 2~3분 동안 댓글과 공감을 10개씩 올릴 수 있다. 50분에 200개씩, 하루에 5600개씩 댓글과 공감을 올릴 수 있다는 얘기다.

그런데 이렇게 많은 수의 댓글과 공감을 올리려면, 이렇게 할 수 있는 아이디가 충분히 많아야 한다. 네이버 같은 포털에서 댓글 조작을 하기 어렵게 여러 가지 제약을 만들어 뒀기 때문이다. 최근에 네이버는 댓글 정책을 바꿨다. 하루에 한 아이디(계정)당 동일 기사 댓글 수는 3개, 공감·비공감 클릭 수는 한 아이디당 하루 최대 50개로 제한했다. 이전에는 한 아이디당 동일 기사 댓글 수는 하루 20개, 공감·비공감 클

릭 수는 제한이 없었다. 다음(카카오)은 한 아이디당 댓글 수가 하루 30
개다. 네이버의 댓글 정책이 바뀌기 전이라도 아이디가 한 개뿐이라면
네이버에서 한 기사에 댓글을 20개밖에 달 수 없어 조작이 불가능하다.
하지만 아이디가 1000개라면 2만 개의 댓글을 달 수 있다. 이런 이유로
댓글을 조작하는 팀은 미리 여러 개의 아이디를 만들어 두거나 인터넷
에 돈을 주고 다수의 아이디를 확보해 둔다. 스마트폰이 필요한 이유는
인터넷 프로토콜(IP) 주소 때문이다.

　　네이버는 같은 IP 주소에서 여러 아이디로 접속하는 일이 발생하
면 자동적으로 IP 주소를 차단하거나 컴퓨터가 자동으로 식별할 수 없
도록 찌그러진 문자를 해독해야 인증받는 문자인증보안기술(캡차)을
적용하고 있다. 오래전에 발생한 블로그 포스팅 조회 수와 댓글 조작에
서 이런 문제를 파악해 조치를 해 둔 것이다. 따라서 매크로 프로그램이
있더라도 한 IP 주소에서는 여러 아이디로 접속하기가 쉽지 않다. 그런

데 스마트폰을 이용하면 IP 주소를 계속 바꿔가며 사용할 수 있다. 물론 최근에는 여러 가지 제한으로 이것도 쉽지 않다고 한다.

매크로보다 빠른 패킷 프로그램 가능성 높아

드루킹 여론 조작 사건을 취재한 한 언론은 경찰 관계자로부터 이들이 사용한 프로그램이 일반적인 매크로가 아니고 '서버에 허위 신호를 보내 정상 신호인 것처럼 만드는 방식'일 가능성이 높다고 보도했다. 이에 대해 한 전문가는 매크로보다 패킷 생성 프로그램으로 보인다고 설명했다. 보통 매크로는 범용으로 여러 사이트에 적용할 수 있는 데 반해, 패킷 프로그램은 네이버 같은 특정 목표를 대상으로 만든 전용 프로그램이다. 구체적으로 설명하면 네이버에서 댓글에 공감을 선택할 때 매크로는 공감 버튼 위치를 입력해서 마우스가 자동으로 움직여 공감 버튼을 누른다.

반면 패킷 생성 프로그램은 버튼을 누르지 않고도 공감 버튼을 누른 것처럼 패킷을 보내 네이버가 눌렀다는 신호를 받게끔 만든다. 신호로 처리하기 때문에 마우스 위치를 이동하며 처리하는 매크로보다 속도도 더 빠르다. 드루킹 일당이 이틀이라는 짧은 시간 동안 2만 건이 넘는 댓글을 달며 여론 조작을 진행했다는 경찰 발표를 참고하면 이들이 매크로보다 패킷 프로그램을 썼을 가능성도 높은 편이다.

네이버는 매크로 같은 자동 프로그램을 막으려고 동일한 IP 주소에서 여러 계정으로 접속하거나 한 아이디로 다중 접속을 하면 이를 차단하는 기술을 적용하고 있다. 또 특정 시간 내에 한 게시물에 공감이나 비공감 수를 자신들이 정한 수치보다 많이 발생시키는 접속자가 있으면, 접속자가 사람인지 프로그램인지 구분해 자동으로 계정을 생성하거나 접속을 막는 기술인 캡차를 띄우며 부정 활동을 막는다. 하지만 이런 기술도 한계가 있다. 너무 엄격하게 하면 사람이 사용하는데도 프로그램으로 오인을 받아 차단을 당할 수 있고, 느슨하게 하면 많은 매크로

프로그램에 뚫리기 때문이다. 특히 인터넷에서는 사용자가 자유롭게 활동하도록 제한을 최소화해야 한다. 자유로운 환경을 제공해야 사용자가 사이트에서 활발히 활동하며 오래 머물기 때문이다. 활발한 활동과 접속 시간은 자연적으로 매출로 연결돼 경제적 이익으로 환산된다.

이처럼 인터넷은 구조적으로 규제를 느슨하게 적용할 수밖에 없는 한계를 지니고 있다. 그런데 매크로 프로그램은 사용자 본인에게도 피해를 줄 수 있다. 매크로 프로그램은 공식 프로그램이 아니다. 기업이

네이버는 동일한 IP 주소에서 여러 아이디로 접속하면, 매크로 같은 자동 프로그램을 막으려고 문자인증보안기술인 캡차를 적용하고 있다. 캡차는 찌그러진 문자 등을 제시해 사용자가 사람인지 컴퓨터(프로그램)인지 구분하는 기술이다. 사진은 다양한 캡차의 예.

나 기관에서 내놓은 프로그램이 아니어서 인터넷에서 공유하거나 개별적으로 전달할 때 악성코드에 감염됐을 가능성이 상대적으로 높은 편이다. 실제로 악성코드에 감염된 매크로 프로그램이 이용자 컴퓨터를 분산서비스공격(DDos)에 이용하기도 했다. 이처럼 이득을 보려고 사용한 매크로 프로그램이 사용자 자신에게 큰 피해를 입힐 수 있는 셈이다.

이번 드루킹 여론 조작 사건으로 집중포화를 받은 업체가 있다. 바로 네이버다. 매크로 프로그램을 제대로 막지 않았고, 시민과 여러 단체에서 수없이 댓글 조작에 대한 문제 제기를 했음에도 네이버 측은 일어날 수 없는 일이라는 식으로 대응하며 문제가 없다고 밝혀 왔기 때문이다. 2018년 1월 말 민주당에서 댓글 조작 의혹 사건을 경찰에 고발하자, 뒤늦게 자신들도 업무방해로 피해를 입었다며 경찰에 고소했다. 사실 네이버도 변명할 여지는 있다. 네이버 측은 매크로 수법이 날로 변하고 고도화해 완전히 막는 것이 불가능하다면서도 많은 전담 인력과 기술력을 투입한 상태라고 설명했다. 전문가들도 해킹을 막을 수 없듯이 매크로를 근본적으로 막을 수는 없다고 말한다.

하지만 네이버가 매크로 조작이 일어나고 있다는 사실을 알았다면 바로 경찰에 신고하며 대응했어야 했다. 그러나 여러 단체의 문제 제기에도 그런 사실이 없다고 대응하며 소극적으로 일관한 점에서 네이버는 댓글 조작에 대한 책임이 적지 않다는 지적에서 자유로울 수 없다.

기술은 민주주의를 망치기도 한다

이번 드루킹 여론 조작 사건의 경우 언론에서 잘 다루지 않은 내용 가운데 중요한 사실이 하나 있다. 바로 기술 발달이 정치에 큰 영향을 끼칠 수 있다는 점이다. 사람들은 일반적으로 기술은 정치와 무관하다고 생각한다. 하지만 이번 드루킹 여론 조작 사건처럼 기술은 정치와 밀접할 뿐 아니라 어떻게 사용되느냐에 따라서 사회에 막대한 영향력을 행사할 수도 있음을 확인했다. 특히 기술이 발달하면 민주주의에 유리한 쪽으로 나아갈 것으로 기대하는 사람들이 많은데, 최근《MIT 테크놀로지 리뷰》에 게재된 기사에 따르면 그렇지 않을 수도 있다는 사실이 확인되고 있다.

2018년 9·10월호《MIT 테크놀로지 리뷰》는 '정치 이슈'를 주제로 기술이 정치에 미치는 영향에 대해서 다뤘다. 잡지에 게재된 한 기사에서 미국 제임스 매디슨대 정치과학과 팀 라피라 교수는 인공지능으로 무장해 공공정책 수립에 영향력을 발휘할 수 있는 수백만 원에 달하는 한 프로그램이 '강한 사람만 더 강하게 만드는 프로그램'이라고 밝혔다. 비용을 지불할 수 있는 사람들에게만 유용한 정보를 제공해 그들을 더 강하게 만든다는 설명이다.

또 다른 기사에서 사람들은 오바마를 대통령으로 당선시키는 데 기여했던 트위터와

기술이 정치를 위협하고 있는 사례를 토대로 정치와 기술과의 관계를 포괄적으로 다룬《MIT 테크놀로지 리뷰》 2018년 9·10월호 표지.
ⓒ MIT 테크놀로지 리뷰

페이스북 같은 소셜미디어와 빅데이터 플랫폼이 정치를 살리고, 민주주의를 한층 발전시킬 것으로 기대했지만, 기술은 정보 왜곡과 양극화 현상을 강화하는 쪽으로 기여했다. 특히 인공지능으로 무장한 구글은 검색순위로 기업이나 정치인을 좌지우지할 만큼 큰 힘을 갖게 됐고, 페이스북 AI 엔진은 사용자와 '비슷해 보이는' 더 많은 사용자들을 찾아내며 힘을 더 키우고 있다. 이같이 기술 기업이 거대한 힘을 키워가고 있고, 이를 어떻게 사용하느냐에 따라 사회나 정치에 큰 영향력을 행사할 수 있다.

경우에 따라서 인공지능과 빅데이터 기업이 절대권력을 누리는 빅브라더가 될 수도 있다는 지적이 나온다. 기사에 따르면 실제로 페이스북은 필리핀 독재자 로드리고 두테르테가 선거 전략을 수립하는 것을

his Republican opponent in the general election. Both his 2008 and 2012 victories prompted floods of laudatory articles on his campaign's tech-savvy, data-heavy use of social media, voter profiling, and microtargeting. After his second win, *MIT Technology Review* featured Bono on its cover, with the headline "Big Data Will Save Politics" and a quote: "The mobile phone, the Net, and the spread of information—a deadly combination for dictators."

However, I and many others who watched authoritarian regimes were already worried. A key issue for me was how microtargeting, especially on Facebook, could be used to wreak havoc with the public sphere. It was true that social media let dissidents know they were not alone, but online microtargeting could also create a world in which you wouldn't know what messages your neighbors were getting or how the ones aimed at you were being tailored to your desires and vulnerabilities.

Digital platforms allowed communities to gather and form in new ways, but they also dispersed existing communities, those that had watched the same TV news and read the same newspapers. Even living on the same street meant less when information was disseminated through algorithms designed to maximize revenue by keeping people glued to screens. It was a shift from a public, collective politics to a more private, scattered one, with political actors collecting more and more personal data to figure out how to push just the right buttons, person by person and out of sight.

All this, I feared, could be a recipe for misinformation and polarization.

Shortly after the 2012 election, I wrote an op-ed for the *New York Times* voicing these worries. Not wanting to sound like a curmudgeon, I understated my fears. I merely advocated transparency and accountability for political ads and content on social media, similar to systems in place for regulated mediums like TV and radio.

The backlash was swift. Ethan Roeder, the data director for the Obama 2012 campaign, wrote a piece headlined "I Am Not Big Brother," calling such worries "malarkey." Almost all the data scientists and Democrats I talked to were terribly irritated by my idea that technology could be anything but positive. Readers who commented on my op-ed thought I was just being a spoilsport. Here was a technology that allowed Democrats to be better at elections. How could this be a problem?

3. The illusion of immunity

The Tahrir revolutionaries and the supporters of the US Democratic Party weren't alone in thinking they would always have the upper hand.

The US National Security Agency had an arsenal of hacking tools based on vulnerabilities in digital technologies—bugs, secret backdoors, exploits, shortcuts in the (very advanced) math, and massive computing power. These tools were dubbed "nobody but us" (or NOBUS, in the acronym-loving intelligence community), meaning no one else could exploit them, so there was no need to patch the vulnerabilities or

There were laudatory articles about Barack Obama's use of voter profiling and microtargeting.

The generals in Egypt learned from Hosni Mubarak's mistakes.

기술 발전이 민주주의뿐 아니라 절대 권력을 강화하는 데 도움을 줄 수 있다는 《MIT 테크놀로지 리뷰》 9·10월호 관련 기사의 한 페이지.
ⓒ MIT 테크놀로지 리뷰

도왔다. 또 미얀마 소수민족인 로힝야족을 대상으로 진행됐던 '인종청소'에 페이스북이 기여했다는 사실이 유엔 보고서에 기록되기도 했다.

이처럼 기술이 아무리 발달하고 유용하다고 하더라도, 전통적인 방식으로 올바른 정보를 제공하지 못하고 견제와 균형을 유지하지 못하며 사회적 안전장치가 제대로 작동하지 못하면, 오히려 사회를 망치는 데 힘을 실어줄 수 있다. 구글이나 페이스북 같은 기술 기업이나 드루킹 같은 특수한 조직의 문제로 바라봐서는 이번과 같은 사건이 계속 반복될 수밖에 없다는 얘기다. 드루킹 여론 조작 사건도 깨어 있는 일부 사람들이 끈질기게 노력한 덕분에 모두가 알게 된 셈이다. 민주주의에 깨어 있는 시민이 필요한 이유이고, 드루킹 여론 조작 사건이 단순한 사건으로 끝나면 안 되는 이유이기도 하다.

ISSUE 8

비디오 판독

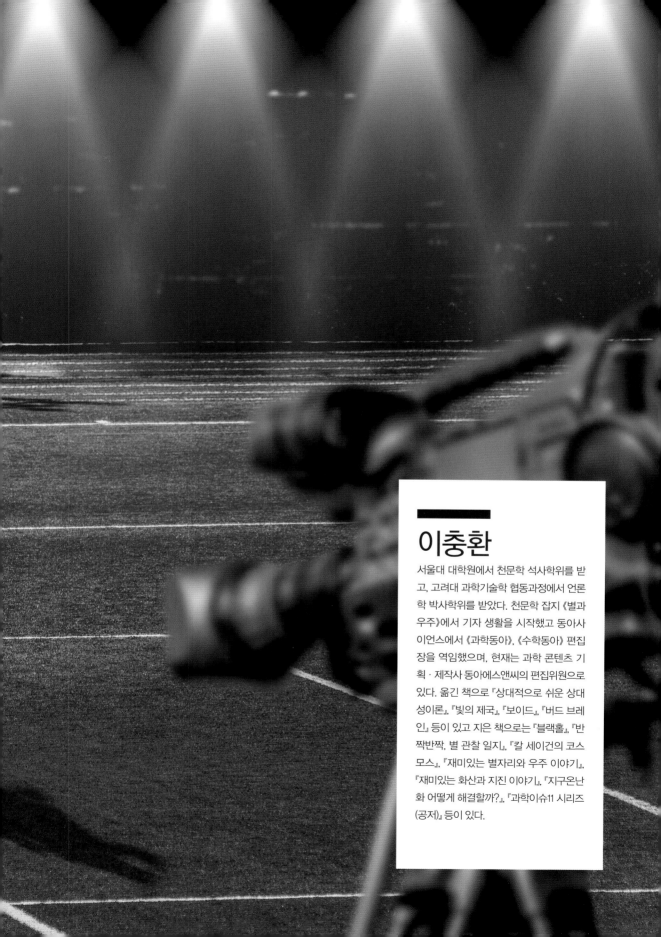

이충환

서울대 대학원에서 천문학 석사학위를 받고, 고려대 과학기술학 협동과정에서 언론학 박사학위를 받았다. 천문학 잡지 《별과 우주》에서 기자 생활을 시작했고 동아사이언스에서 《과학동아》, 《수학동아》 편집장을 역임했으며, 현재는 과학 콘텐츠 기획·제작사 동아에스앤씨의 편집위원으로 있다. 옮긴 책으로 『상대적으로 쉬운 상대성이론』, 『빛의 제국』, 『보이드』, 『버드 브레인』 등이 있고 지은 책으로는 『블랙홀』, 『반짝반짝, 별 관찰 일지』, 『칼 세이건의 코스모스』, 『재미있는 별자리와 우주 이야기』, 『재미있는 화산과 지진 이야기』, 『지구온난화 어떻게 해결할까?』, 『과학이슈11 시리즈(공저)』 등이 있다.

ISSUE 8

스포츠의 비디오 판독,
과학으로 들여다본다

2018년 러시아 월드컵 F조 예선
중 한국과 스웨덴의 경기에서
비디오 판독(VAR)이 진행되고
있다. 판독 결과 스웨덴의
페널티킥이 선언됐다.

2018년 6월 18일 러시아 월드컵 조별 예선 중에서 F조 첫 경기가
열린 러시아 니즈니 노브고로드 스타디움. 대한민국과 스웨덴이 경기를
펼치는 가운데, 우리나라 응원단을 당황하게 만든 일이 벌어졌다. 우리
선수가 공을 빼앗아 상대편 진영으로 몰고 가고 있었는데, 주심이 느닷
없이 휘슬을 불고 비디오 판독을 요청했다. 17초 전에 페널티 지역 안
에서 우리 수비수의 태클에 상대 선수가 넘어진 상황에 대해 비디오 판
독을 한 것이다. 판독 결과 스웨덴의 페널티킥이 선언됐고, 페널티킥에

의한 골은 그날의 승부를 가르는 결승 득점이 됐다.

러시아 월드컵에서 본격적으로 도입되기 시작한 비디오 판독은 여러 경기의 희비를 갈리게 만들었다. 비디오 판독은 비단 축구뿐만 아니라 야구, 배구, 테니스 등 다양한 스포츠에서도 도입돼 있다. 다양한 스포츠에서 실시되는 비디오 판독에 대해 살펴보자.

비디오 판독이란?

스포츠 경기에서 사람(심판)의 눈으로 판단하기 힘든 순간이 발생하는데, 때로 심판의 판정에 관련된 시비가 일어나기도 한다. 이 순간에 힘을 발휘하는 것이 바로 비디오 판독이다. 비디오 판독이란 경기를 초고속 카메라로 촬영한 영상을 자세히 들여다보고 분석한 뒤 판정의 근거로 사용하는 기술을 말한다. 비디오 판독은 많은 종목에서 비디오 챌린지라고도 한다. 운영 방식은 경기장 내 설치방식, 차량형, 중앙통제식 센터로 구분된다. 이 중에서 중앙통제식 센터는 경기장과 떨어져 있다. 비디오 판독은 '즉시 재생(instant replay)'이라고도 부르는데, 조금 전의 장면을 느린 그림으로 보려고 사용하는 경우가 많아서 그렇다. 리플레이(replay) 또는 슬로모션(slow motion)이라고도 한다. 스포츠와 같이 실시간으로 생중계를 할 때 리플레이는 대부분 전문적인 장비를 사용한다. 슬로모션은 단순히 영상을 느리게 재생하는 기술이 아니라 실시간으로 방송을 녹화하고 이에 따라 원하는 장면에 대한 영상을 자유롭게 원하는 속도로 재생할 수 있는 기술이 필요하기 때문이다.

텔레비전 역사에서 최초로 슬로모션 재생이 등장한 때는 1962년이다. 그해 3월 24일 미국 뉴욕 매디슨스퀘어가든에서 열린 웰터급 복싱 경기가 끝난 뒤에 경기 하이라이트가 몇 분간 슬로모션으로 재생됐던 것이다. 즉시 재생, 즉 생중계 중의 리플레이는 이듬해 12월 7일 CBS가 미국 육군과 해군 간의 미식축구를 중계했을 때 이루어졌다. 당시 CBS 스포츠국장 토니 베르나가 발명한 시스템 덕분이었다. 590kg짜

스포츠 경기는 스튜디오에서 떨어져 있는 외부에서 벌어지므로 생방송이 가능한 중계차를 동원한다. 사진은 윔블던 테니스경기장에서 카메라로 촬영한 여러 화면이 보이는 '모니터 월(monitor wall)'을 갖춘 중계차 내부.

리의 즉시 재생 장치는 표준 비디오테이프 장치를 이용했다.

이후 즉시 재생 장치는 발전에 발전을 거듭했다. 과거의 테이프 방식에서 요즘은 테이프가 필요 없는 디지털 방식으로 변모했다. 현재 LSM(Live Slow Motion) 장비라고 불리는 슬로모션 장비는 EVS의 XT 시리즈, 뉴텍의 3D플레이 시리즈 등이 있다. 이와 같은 전문 장비는 실시간 슬로모션(live slow motion)뿐만 아니라 하이라이트 편집, 멀티채널 재생, 후반 편집 지원(post-production) 등의 기능을 갖추고 있다. 물론 실시간으로 바로 직전의 경기 상황을 무한정 보여줄 수 있는 것은 기본이다. 이에 많은 스포츠에서 비디오 판독은 제3의 감독관의 개념으로 정식 채택되어 쓰이고 있다.

비디오 판독의 힘은 기록 경기에서 느낄 수 있다. 육상 달리기, 사이클, 스피드 스케이팅처럼 정해진 트랙을 빨리 도는 선수가 승리하는 종목에서 비디오 판독이 중요하다. 이처럼 기록을 측정해 승부를 가르는 종목에서 비디오 리플레이를 통해 100분의 1초 단위 이하로 정밀하게 판정한다. 100m 달리기의 경우 100분의 1초보다 더 짧은 1000분의 1초 차이로 승부가 갈리는데, 이때 비디오 판독이 힘을 발휘한다. 예를 들어 2007년 일본 오사카에서 열린 세계육상선수권대회 여자 100m 결승에서 자메이카의 베로니카 캠벨 선수와 미국의 로린 윌리엄스 선수가 100분의 1초까지 같은 기록을 보였지만, 5분여에 걸친 비디오 판독 결과, 캠벨 선수의 가슴(순위를 결정하는 기준)이 윌리엄스 선수보다 1000분의 1초 앞서 결승선에 들어온 것으로 밝혀졌다. 이런 종목에서 초고속 카메라 기술을 도입하지 않았다면, 판정 시비가 수없이 벌어졌을 것이다. 판정 자체도 정밀한 기계를 활용하며, 논란이 발생할 때는 비디오 리플레이를 통해 재심한다. 다만 수영에서 경영 종목은 비디오 판독을 엄격하게 적용하지 않는다. 선수들의 기록이 100분의 1초 단위까지 같으면 공동 순위로 판정한다. 선수가 수영장의 피니시 지점을 터치할 때 기록을 따지는데, 수영장 풀 규격에서 나타나는 미세한 오차가 기록에 더 영향을 줄 수 있다고 생각하기 때문이다.

벨기에 방송장비회사 EVS의 멀티캠(LSM) 원격조종기는 스포츠 중계화면의 즉시 재생, 슬로모션 등이 가능하다.

러시아 월드컵과 VAR

월드컵마다 오심 논란은 끊이지 않았다. 심판의 실수로 결정적인 기회를 날리거나 심지어 이길 수 있는 경기를 놓치기도 했다. 아르헨티나의 축구 영웅 마라도나의 '신의 손' 사건은 월드컵 역사상 최악의 오심으로 남아 있다. 1986년 멕시코 월드컵 8강 잉글랜드전에서 마라도나는 공중에 뜬 공을 헤딩하는 척하며 손으로 쳐서 골을 넣었는데, 주심은 득점을 인정했다. 후에 마라도나는 그 공은 '신의 손'에 맞고 들어간 것이라며 공공연하게 떠벌리고 다녔다. 신의 손 덕분에 아르헨티나는 잉글랜드에 2 대 1로 승리해 4강에 진출했고 결승전에서 또다시 승리해 우승컵까지 들어올렸다.

2010년 남아프리카공화국 월드컵 16강전에서 독일과 맞붙은 잉

이 공은 골라인을 통과할까.
월드컵 축구대회에서는 공이
골라인을 통과했는지를
가리기 위해 '골라인 판독기'를
도입하기도 했다.

글랜드한테 억울한 일이 벌어졌다. 2 대 1로 뒤지고 있던 상황에서 영국 선수가 찬 공이 골대를 맞고 분명히 골라인 안쪽으로 들어갔는데도 심판은 골로 인정하지 않았다. 동점을 만들 기회를 날린 잉글랜드는 이후 급격히 무너져 4 대 1로 패했다. 월드컵에서 오심을 막아야 한다는 목소리가 커지자 2014년 브라질 월드컵에서는 초고속 카메라를 활용한 비디오 판독이 득점 여부를 가리는 상황에서 제한적으로 도입됐다. 일명 '호크아이'라 불리는 시스템으로 공이 골라인을 통과했는지를 판정하는 '골라인 판독기'가 활용됐다. 경기장 곳곳에 설치된 10여 대의 카메라로 공의 위치를 추적하는데, 공이 골라인을 넘어가면 판독기에서 골을 선언하는 신호가 주심의 손목시계로 전달된다.

2018년 러시아 월드컵에서는 여기서 한 걸음 더 나아가서 월드컵 사상 처음으로 경기 전반에 걸쳐 비디오 판독시스템을 도입했다. 그동안 국제축구연맹(FIFA)은 일각에서 경기 흐름을 끊는다는 비판을 의식해 비디오 판독시스템의 도입을 주저했지만, 2017년 한국에서 개최된

'20세 이하 FIFA 월드컵'에서 공식적으로 사용해 좋은 평가를 받으면서 자연스럽게 러시아 월드컵 본선에 적용했던 것이다.

VAR는 FIFA 월드컵뿐만 아니라 여러 국가의 국내리그에서도 도입해 적용하고 있다. 사진은 폴란드 축구리그에서 심판이 VAR를 실시하는 장면.

　　비디오 판독시스템, 즉 비디오 어시스턴트 레프리 (Video Assistant Referee, VAR)는 축구에서 경기 영상을 보며 판정을 내리는 행위를 뜻한다. 러시아 월드컵에서 VAR는 골라인 판독을 넘어서 4가지 결정적인 상황에 적용했다. 즉 득점, 페널티킥, 선수의 퇴장 및 경고를 판단하는 데 사용했다. 예를 들어 득점이 오프사이드 반칙으로 인정되지 않는다거나 주심이 보지 못한 퇴장성 반칙을 잡아낼 수 있다. 이에 따라 심판의 스마트워치에도 공의 골라인 통과 여부, VAR 필요성 여부 등을 실시간으로 알려주는 기능이 탑재됐다. VAR는 경기장 곳곳에 설치된 초고속 카메라 수십 대가 선수와 공의 움직임을 촬영해 원하는 장면을 느리게 보여준다. 초고속 카메라는 1초에 수백 장에서 수만 장까지 찍는데, 이를 저속으로 재생하면 경기 중에 벌어지는 긴박한 장면을 세세하게 들여다볼 수 있다. 러시아 월드컵에서 VAR를 도입하면서 FIFA는 모든 경기에 VAR 전담 심판을 4명 투입했고, 경기장의 대형 전광판을 통해 리플레이를 보여줬다. VAR를 총괄하는 중앙 비디오 운영센터는 모스크바에 있었다. 이곳으로 12개 경기장에서 카메라로 촬영한 모든 영상, 주심과 부심의 판정이 실시간으로 전달되는데, 판독팀(비디오 부심)은 오심이나 중대한 반칙이 벌어지면 주심의 스마트워치로 VAR가 필요하다고 알린다. 흥미롭게도 심판이 차는 스마트워치는 일반 판매용도 있어서, 이 시계를 착용한 관중도 득점, 경고, 퇴장 같은 주요 상황에 대해 심판과 동일한 정보를 수신할 수 있다.

　　FIFA는 러시아 월드컵에 도입한 VAR가 축구의 새 시대를 열었으며 시행에 만족한다고 자평했다. 2018년 7월 19일 공식 홈페이지에 VAR 결과를 공개했는데, 64경기에서 총 455회의 VAR를 통해 의심스러운 장면을 확인했으며 판정에 직접적인 영향을 준 VAR 회수는 20회

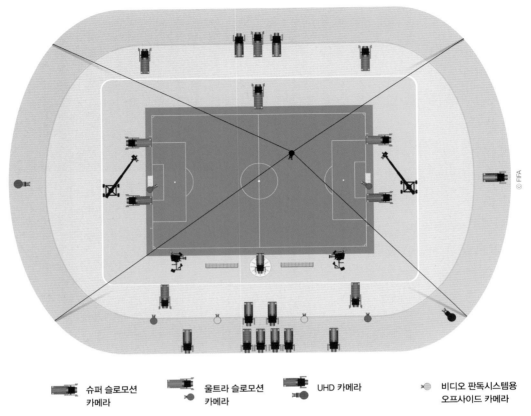

| 슈퍼 슬로모션 카메라 | 울트라 슬로모션 카메라 | UHD 카메라 | 비디오 판독시스템용 오프사이드 카메라 |

러시아 월드컵의 경우 비디오 판독시스템(VAR)의 판독팀이 경기장에서 총 33개의 방송카메라를 이용할 수 있었다. 이 가운데 8개는 슈퍼 슬로모션 카메라, 6대는 울트라 슬로모션 카메라, 2대는 오프사이드 카메라이다.

비디오 판독시스템(VAR)을 이용해 축구 경기를 모니터링하고 있다. 러시아 월드컵에서는 득점, 페널티킥, 선수의 경고 및 퇴장 상황에 VAR를 적용했다.

였다. 우리나라도 VAR의 결과에 따라 희비가 엇갈렸다. 스웨덴과의 조별리그 1차전에서는 뒤늦은 VAR로 페널티킥을 허용해 패했지만, 독일과의 3차전에서는 오프사이드 판정으로 노골이 선언된 결과가 VAR 덕분에 번복되면서 선제골을 인정받으며 승리했다. 문제는 VAR를 신청할 권리가 선수나 감독이 아니라 심판에게 있다는 점이다. 심판이 판단하기 애매하다고 생각하거나 비디오 부심이 자체적으로 판단해 주심에게 오심을 알려주면, 비디오 판독을 하며 최종 결정은 주심이 한다.

이 때문에 일부에서는 러시아 월드컵에서의 VAR가 강팀에 유리하게 적용됐다는 비판을 제기했다. 예를 들어 모로코 팀이 포르투갈, 스페인과 각각 겨룬 경기에서는 주심이 포르투갈과 스페인 선수의 명백한 핸들링 파울을 그냥 지나쳤고 VAR도 시행하지 않았다.

'매의 눈' 호크아이는 삼각측량 활용

브라질 월드컵에서 골라인 판독에 도입된 '호크아이(Hawk-Eye)' 시스템은 사실 테니스에서 오래전부터 도입해 써 왔던 것이다. '매의 눈'이라는 뜻의 호크아이 시스템은 2005년부터 US오픈, 윔블던, 호주오픈 등 메이저 테니스 대회에 적용하기 시작했다. 호크아이 시스템은 테니스뿐만 아니라 크리켓, 배드민턴, 배구 같은 구기종목에서 심판 판정의 보조 시스템으로 사용되고 있다. 이 시스템은 경기에서 공의 위치와 궤적을 추적하고 통계적으로 분석하는 컴퓨터 시스템이다. 고속 카메라와 고성능 영상처리 프로세서를 활용해 빠르게 움직이는 공의 궤적을 계산해 추적한다. 특히 테니스 경기에서는 공이 시속 200km를 넘나들기 때문에 공의 인·아웃을 판정하기 위해 공이 코트에 닿는 지점을 추적하는 데 호크아이 시스템이 유용하다.

2001년 잉글랜드 로크 매너 리서치 사(Roke Manor Research Limited)의 공학자들인 폴 호킨스(Paul Hawkins)와 데이비드 쉐리(David Sherry)가 호크아이 시스템을 개발했다. 두 사람은 이와 관련해

2012년 러시아 모스크바에서 열린 크렘린컵 테니스대회에 설치된 호크아이 카메라 시스템.

2011년 영국 윔블던테니스대회에서
전광판에 보여주는 호크아이
시스템의 공 추적 결과.

구기 종목에서 공 추적 영상 처리기에 대한 특허를 출원했다가 철회한
바 있다.

　　이후 이 기술은 호크아이 이노베이션 사(Hawk-Eye Innovations
Ltd)라는 새로운 회사에 귀속됐다. 이 회사에 따르면 호크아이 시스템
을 테니스 경기에 적용했을 때 생기는 오차는 평균 3.6mm라고 한다.
호크아이 시스템은 경기장 안에서 다양한 각도와 위치에 설치된 초고속
카메라 여러 대가 촬영한 영상과 타이밍 정보를 종합해 삼각측량의 원
리로 공의 궤적을 파악한다. 삼각 측량은 고정된 한 점(카메라 A)과 다
른 점(카메라 B) 사이의 각도를 측정해 또 다른 점(공)의 위치를 찾는 과
정이다.

　　테니스의 경우 촬영 시간을 동일하게 맞춘 초고속 카메라를 6대
이상 이용한다. 카메라와 공 추적장치(ball tracker)에서 전송되는 영상
정보는 컴퓨터 시스템에서 고속으로 처리된다. 각 카메라는 움직이는
공을 서로 다른 각도에서 초당 100장(프레임)을 찍는데, 호크아이 시스
템은 동일한 시각에 다른 각도에서 촬영한 영상에서 배경과 공을 분리
한 뒤 각 영상에서 공의 위치를 바탕으로 해 3차원 공간에서 공이 이동
하는 궤적을 알아낸다. 다시 말해 각각의 카메라에서 촬영한 각 영상 프
레임을 분석해 공에 해당하는 화소(pixel) 집합을 식별한 뒤 2대 이상의

카메라에서 얻은 영상을 비교해 각 프레임에서 3차원 공간상의 공 위치를 계산하고 이렇게 프레임별로 계산한 공 위치 정보를 종합해 공의 궤적을 재구성한다. 이렇게 재구성한 공의 궤적은 3차원 그래픽 영상으로 바뀌어 심판과 TV 중계진에 실시간으로 전달된다. 전광판에 이 영상이 공개되면 공이 라인에 걸쳤는지에 따라 선수의 희비가 엇갈리고 관중의 탄성이 쏟아져 나온다. 한편 호크아이 시스템의 추적 시스템은 데이터베이스와 결합해 각 선수, 경기, 공과 공의 비교 등에 대한 추세와 통계를 추출하고 분석하는 데도 활용될 수 있다.

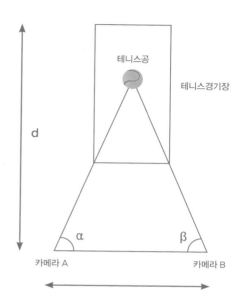

호크아이 시스템은 삼각측량의 원리로 공의 궤적을 파악한다. 고정된 한 카메라 A와 다른 카메라 B가 공과 이루는 각도(α, β)를 측정해 공의 위치를 찾는 방식이다.

MLB의 챌린지 vs KBO의 비디오 판독

최근 비디오 판독이 주목의 대상이자 뜨거운 감자로 떠오른 종목 중 하나가 프로야구다. 야구에서의 비디오 판독은 챌린지라고 한다. 미국 메이저리그(MLB)에서는 2008년에 처음 비디오 판독을 도입했고, 이후 몇 차례 규정이 바뀌었으며 현재의 비디오 판독시스템은 2015년부터 시행해 왔다. 미국에서는 홈런 여부, 인정 2루타(타자가 친 공이 바운드되어 펜스를 넘어간 경우), 파울·페어, 포스 아웃과 태그 아웃, 외야수 포구·낙구, 베이스 러닝(선행 주자 추월), 몸에 맞는 공(사구), 홈 플레이트 충돌, 희생플라이 시 태그업, 더블플레이 방해, 관중의 수비 방해 등에 대해 챌린지를 적용한다. 모든 구장에는 챌린지 전용 카메라가 12대씩 설치돼 있으며, 챌린지 판정은 경기 심판이 아니라 뉴욕시에 있는 리플레이 지휘본부(Replay Command Center)의 심판이 해서 경기 심판에게 전달한다. 각 팀의 감독이 경기당 1회씩 챌린지를 신청할 수 있고, 챌린지가 성공하면 또 한 번의 챌린지 기회가 생긴다. 챌린지 판정 결과, 심판 판정이 맞았다면 판정 확인(call confirmed), 리플레이로도 판정이 불가능하면 판정 유지(call stands), 심판 판정이 뒤바뀌면

2014년 미국 메이저리그(MLB) 경기에서 심판진이 비디오 판독(챌린지) 결과를 기다리고 있다. 챌린지 판정은 경기 심판이 아니라 뉴욕시에 있는 리플레이 지휘본부의 심판이 해서 경기 심판에게 전달한다.

판정 번복(call overturned)이 선언된다.

국내 프로야구는 관중이 많아지면서 심판의 판정에 대한 관심도 함께 높아졌다. 심판의 오심으로 경기 흐름이 바뀌거나 결과가 달라지는 일이 늘자 비디오 판독을 도입해야 한다는 목소리도 커졌다. 한국 프로야구를 총괄하는 한국야구위원회(KBO)는 홈런 여부 판독만 허용하다가 2014년 후반기부터 '한국형 비디오 판독'이라 할 수 있는 심판 합의판정제를 도입했다. 홈런을 비롯해 외야에서의 페어 · 파울, 누상의 아웃 · 세이프, 야수의 포구(노바운드 캐치와 원바운드 캐치 여부), 포수의 파울팁 포구, 몸에 맞는 공(사구) 등에 대해 적용했다. 당시 KBO리그에서는 MLB와 달리 4명(포스트시즌에는 6명)의 심판이 방송국의 중계화면을 리플레이로 보면서 판독했다. 이를 통해 판독이 불가능한 경우에는 기존 심판 판정에 따랐다.

TV 중계화면에만 의존한 심판 합의판정제는 한계가 있었기 때문에 2017 시즌부터는 MLB 챌린지와 비슷한 개념의 '비디오 판독'을 도입했다. 비디오 판독은 심판실이 아니라 서울 한국야구회관 4층에 있는 KBO 비디오 판독센터에서 이뤄지고, 판독 결과는 통신 장비를 통해 경기 심판에게 전해진다. 비디오 판독센터에서는 기존 중계화면과 함께 별도의 카메라로 얻은 영상을 이용해 중계화면에서 미처 잡아내지 못한 부분도 확인할 수 있다. 판독센터에는 KBO 전용 카메라 3대와 중계 카메라 6~7대의 화면이 전송된다고 한다. KBO 카메라는 10개 구단의 제1 홈구장에 3개씩 설치돼 있으며, 비디오 판독 요청이 가장 빈번한 1루와 2루를 중점적으로 촬영한다. 비디오 판독을 요청하는 절차는 2가지가 있는데, 선수가 인플레이 상황에서 감독에게 요청해 감독이 심판에게 재요청하는 경우, 감독이 직접 요청하는 경우가 있다. 2018 시즌 전

반기까지는 한 팀이 경기당 최대 2회까지 비디오 판독을 신청할 수 있었고 2018 시즌 후반기부터는 연장전에 한해 비디오 판독을 1회 추가로 신청할 수 있다. 다만 홈런, 외야 타구의 페어·파울 여부는 무제한으로 비디오 판독을 할 수 있다.

비디오 판독이 도입됐다고 판정에 대한 논란이 없어졌을까. 그렇지 않다. 판독 업무를 판독센터로 넘겨 경기 시간을 단축하고자 했으나 오히려 시간이 길어진 판정도 상당히 많다. TV 중계화면 외에 KBO 전용 카메라의 화면은 볼 수 없어 판독 결과를 이해하지 못하는 경우도 많아졌으며, 판독 후 방송사 리플레이에 오심이란 증거가 드러나면 반발도 커졌다. 비디오 판독은 고배율의 초고속 카메라가 필요한데, KBO 카메라는 성능이 방송사 카메라보다 떨어진다는 보도가 나오기도 했다. 참고로 MLB에서는 초당 128프레임의 규격화된 영상을 받아서 판독한다. 한국 프로야구의 비디오 판독은 기술적으로 업그레이드할 필요가 있어 보인다.

종목마다 비디오 판독 어떻게 다른가

한국프로배구의 비디오 판독은 한국 프로스포츠리그와 세계 배구에서 첫 번째로 실행됐다. 한국프로배구리그(V-리그)는 2007-2008 시즌부터 비디오 판독을 도입했으며, 2014-2015 시즌부터는 국제배구연맹(FIVB)이 수정한 방식을 적용하기 시작했다. 경기 감독관, 심판 감독관, 부심 총 3명의 판정관이 방송 중계화면의 리플레이를 보면서 비디오 판독을 하는데, 심판 판정에 대해 정심, 오심, 판독 불가 등 3가지로 결정한다. 판독 불가의 경우 최초의 주심 판정이 유지된다. 한국배구연맹(KOVO)에 따르면, 그동안 비디오 판독을 통해 오심을 바로잡은 경우가 45% 정도, 판독이 불가능한 경우는 5% 정도였다.

V-리그에서 비디오 판독은 경기당 2회를 요청할 수 있으며, 한 세트에는 1회만 신청할 수 있다. 단 비디오 판독 결과 오심이나 판독 불가라는 판정이 나오면, 비디오 판독 기회를 1회 더 쓸 수 있다. 15점으로 승패가 갈리는 5세트의 경우에는 한 팀의 득점이 10점을 넘으면 양팀에 1회씩 스페셜 비디오 판독을 추가로 부여한다. 스페셜 비디오 판독은 판독 결과와 상관없이 1회만 주어진다. FIVB 규정에 따라 비디오 판독을 요청할 수 있는 사항은 다음과 같다. 배구공이 라인 안에 떨어졌는지 바깥에 떨어졌는지, 공이 바닥에 떨어지기 전에 엔드 라인(서브 시), 어택 라인(백어택 시도 시), 센터 라인 등을 침범했는지, 공격 직후나 블로킹 직후에 공이 안테나를 건드렸는지, 신체 일부로 안테나 또는 네트를 건드렸는지, 공격 시 블로킹을 방해했는지 등에 대해 비디오 판독을 제기할 수 있다.

미국의 경우 미식축구리그(NFL)에서 비디오 판독을 적극 활용해왔다. 1986년 처음으로 제한된 리플레이 시스템을 채택했고, 1999년 챌린지라 부르는 현재의 시스템을 도입했다. 경기당 2회의 챌린지 기회가 있으며, 전·후반 2분 전까지, 연장전은 끝나기 전까지 오심이라고 생각되는 장면에서 챌린지를 신청할 수 있다. 챌린지를 할 때는 수건처

NBA 심판이 선수의 플레이를 검토하고 있다. 미국 프로농구협회(NBA)가 운영하는 NBA 리그는 전 세계 프로리그 중에서 비디오 판독시스템이 가장 앞서 있다는 평가를 받는다.

럼 생긴 빨간 플래그를 던진다. 챌린지 2회를 모두 성공하면 1회가 추가로 주어진다. 만일 챌린지가 실패하면 타임아웃 1회가 사라진다. 챌린지 콜이 받아들여지면 심판은 리플레이 전용 카메라로 가서 영상을 보고, 60초 이내에 판정을 다시 내려야 한다.

 미국 프로농구협회(NBA)가 운영하는 NBA 리그는 전 세계 프로리그 중에서 비디오 판독시스템이 가장 앞서 있다는 평가를 받는다. 뉴욕 브루클린에 자리한 '리플레이 센터'에서 실시간으로 경기를 모니터링하고 있다가 경기장에서 비디오 판독을 요구하면 센터 인원이 판독해 경기장에 결과를 전달하기도 한다. 기본적으로 심판은 거친 파울이 발생했을 때 플래그런트 파울(과도하게 신체 접촉을 해 경기를 방해하는 반칙)인지, 공이 아웃됐을 때 공 소유권이 어느 팀에 있는지에 대해 현장의 비디오를 직접 보면서 판독한다. 비디오 판독의 가장 극적인 예는 한 쿼터 또는 경기 종료를 알리는 신호음(버저)과 동시에 득점하는 버저

2018년 9월 미국
프로축구(MLS)에서 심판이
모니터를 보며 선수의 플레이를
검토하고 있다.

비터를 가리는 경우다. 경기 종료 후에도 비디오 판독으로 플랍(파울을
유도하는 할리우드 액션) 여부를 알아내 사후 징계도 내린다.

한국의 남자 프로농구리그를 주관하는 한국농구연맹(KBL)은
2011-2012 시즌부터 비디오 판독을 시행하기 시작했다. 이후 여러 차
례에 걸쳐 비디오 판독에 대한 규칙이 바뀌었다. 최근 규칙에 따르면 감
독이 4쿼터에 한해서만 비디오 판독을 1회 요청할 수 있고, 판독 결과
판정이 뒤바뀌면 판독 요청 기회가 1회 추가로 주어진다. KBL은 국제
농구연맹(FIBA)의 규칙을 도입해 버저비터, 2점 슛과 3점 슛의 구분,
터치아웃, 스포츠 정신에 위배된 파울(U2) 등에 대해 비디오 판독을 하
고 있다.

이외에 필드하키, 아이스하키, 럭비뿐 아니라 펜싱, 쇼트트랙에서
태권도, 유도, 권투 같은 격투기 종목까지도 비디오 판독을 실시한다.
아이스하키와 필드하키에서는 별도의 비디오 심판이 논란이 되는 골 상
황에 대해 비디오 판독을 적용한다. 럭비에서는 트라이처럼 득점과 관
련된 상황에 대해, 펜싱에서는 칼로 찌르고 베어 득점하는 상황에 대해
비디오 판독을 한다. 태권도 겨루기 같은 격투기 종목에서도 기술이 정
확하게 들어갔는지 가려내고자 비디오 판독을 도입했다. 쇼트트랙의 경
우에는 결승점을 통과하는 순간에 순위를 결정하려고 오래전부터 비디
오 판독을 적용했지만, 추가로 경기 중 선수의 반칙을 확인하기 위해 별

도의 비디오 판독을 활용한다. 신체 접촉이 자주 발생하다 보니, 거의 매 경기에서 카메라의 화면을 여러 번 돌려 보면서 반칙 여부를 가리고 최종 순위를 선정한다.

비디오 판독의 딜레마

비디오 판독은 경기의 공정성을 높이는 동시에 심판진의 권위를 살릴 수 있는 제도다. 비디오 판독을 잘 활용한다면 판정 시비나 오심 논란을 잠재울 수 있기 때문이다. 구기 종목에서는 공이 워낙 빠르게 움직이므로 사람(심판)의 눈으로 판단할 수 없는 상황이 많다 보니 영상기술의 도움을 받는다. 방송사들이 스포츠 중계를 고화질·고성능의 카메라로 하면서 이를 비디오 판독에 이용하기도 하고, 월드컵 축구, 미국 프로야구처럼 종목에 따라서는 비디오 판독 전용 카메라를 설치해 활용하기도 한다.

결국 영상의 품질이 비디오 판독의 신뢰도로 연결된다. 만일 고성능 카메라를 수십 군데 방향에서 들이대서 고화질 영상을 얻을 수 없다면 정확한 판독이 어렵다. 더구나 비디오 판독으로 재심이 가능한 스포츠에서 심판의 판정을 번복할 때는 이를 뒷받침할 만한 확실한 증거가 있어야 한다. 국내 프로배구의 경우 중계방송 카메라에 잡힌 영상을 비디오 판독에 활용한다. 한 경기에 중계 카메라, 라인캠, 네트캠 등을 포함해 16대 정도의 카메라를 설치해 촬영한다. 그런데 때로 정확한 판정을 내릴 수 있는 각도에서 촬영되지 않았거나, 카메라 움직임이 공의 속도를 따라가지 못해 판정이 불가능한 상황도 발생한다. 또 짧은 시간 동안 여러 장면을 찾아 판단을 내리다 보면 오독이 일어나기도 한다. 또한 스포츠 중계를 보는 시청자 입장에서는 방송에서 문제 되는 장면

러시아 월드컵 이란전에서 포르투갈의 호날두 선수가 경고를 받고 있다. 이는 심판이 퇴장감의 플레이인지를 검토한 결과이다.

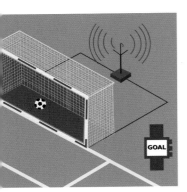

골라인 판독시스템. 공과 골대에 센서를 설치해 득점 여부를 가릴 수 있다. 이는 카메라로 공을 추적하는 시스템과 다른 것이다.

센서가 포함된 '인텔리전트 볼'. 공이 골라인을 통과했는지 파악하기 쉽다.

의 리플레이를 여러 차례 보게 되면 심판의 판정을 불신할 수 있다. 특히 의견이 일치하지 않는 대목이 심판의 반칙 판정이다. 사실 월드컵축구, 미식축구, 프로농구 등의 경우 비디오 판독의 적용 영역을 확대하면서도 경고를 줘야 하는 반칙, 스포츠 정신에 어긋난 파울 등 심각한 반칙을 제외한 일반적인 반칙 상황은 판독 대상에 포함시키지 않고 있다. 여전히 심판의 권위와 고유 권한을 보장해 준 것이다.

비디오 판독을 능가하는 미래 기술?

여러 종목에서 오심을 막기 위해 비디오 판독을 도입해 왔는데, 일부에서는 첨단장비를 도입해 오심을 막을 수 있다는 주장도 나온다. 비디오 판독은 정확성 문제도 있지만, 축구처럼 경기의 흐름이 끊기면 경기의 재미가 반감되고 경기의 전개가 달라질 수 있다는 단점이 있다. 이에 경기의 흐름을 끊지 않으면서 실시간으로 공의 정확한 위치를 심판에게 알려주는 기술이 필요하다.

호크아이 같은 영상촬영 판독시스템 외에 자기장을 이용한 골라인 판독시스템이 공개된 적이 있다. 독일의 카이로스 테크놀로지(Cairos Technologies)가 아디다스와 함께 개발한 카이로스 시스템이다. 카이로스 시스템은 자기장을 이용해 축구공이 골라인을 통과했는지를 판단한다. 페널티 에어리어와 골문 뒤쪽의 땅속에 전선을 묻어 설치하고, 공은 자기장을 감지하는 센서가 포함된 '인텔리전트 볼'을 사용한다. 일단 전선에 전류가 흐르면 골라인 양쪽에 자기장이 생기는데, 두 자기장이 맞닿는 선은 골라인 바로 위에 있다. 인텔리전트 볼 안에 있는 센서는 공이 움직이는 동안 자기장의 변화를 감지해 중앙컴퓨터로 보낸다. 중앙컴퓨터에서는 센서가 전송한 측정값과 골라인 경계에 해당하는 자기장 수치를 비교해 공이 골라인을 넘어갔는지를 파악하고 심판에게 알려준다. 이 시스템은 선수가 공을 가리고 있어도 판정이 가능하지만, 경기장마다 땅속에 전선을 깔아야 한다는 점이 부담스럽다.

축구 선수의 몸에 위성항법시스템(GPS) 칩을 장착하고 경기를 뛰면, 선수의 움직임, 신체 상태 등을 파악해 경기 운영에 도움을 얻을 수 있다.

레이더를 이용해 공을 추적할 수도 있다. 골프용품인 '트랙맨 (Trackman)'은 미사일의 궤적을 쫓아가는 레이더의 원리를 적용해 골프공의 궤적을 추적하는 장치다. 이 장치는 2개의 전파를 계속 발신하는데, 전파가 공처럼 이동하는 물체에 충돌하면 반사되면서 주파수가 변한다. 이 신호를 여러 지점의 수신기에서 측정하면 공의 궤적을 3차원 영상으로 만들 수 있다. 공식 홈페이지에 따르면 트랙맨은 공을 추적할 때 90m당 최대 30cm의 오차가 발생한다. 축구에서 공이 골라인을 통과했는지를 확인하려면 오차가 이보다 훨씬 더 작아야 한다. 정밀한 레이더를 이용하면 몇cm 정도의 오차로 물체의 위치를 파악할 수 있는데, 이러면 레이더가 쏘는 전파의 파장이 짧아 인체에 해로울 수 있다는 것이 문제다.

축구공 안에 전파발신기를 집어넣고 경기장 주변에 수신기를 설치해 공의 위치를 추적할 수도 있다. 경기장에서 공의 위치에 따라 각 수신기에 전파가 도달하는 시간이 약간씩 달라지므로, 이 시간 차이를 바탕으로 삼각측량법을 적용해 공의 위치를 파악할 수 있다. 공뿐만 아니라 선수 몸에 전파발신기를 붙이면 공과 선수의 위치를 실시간으로 알아낼 수 있다. 공의 골라인 통과 여부와 함께 선수의 오프사이드까지 확인할 수 있다. 문제는 선수들이 전파를 방해해 오류가 생길 수 있고 고의로 방해전파를 발사하면 시스템이 무용지물이 된다는 점이다.

앞으로 각종 스포츠에서 심판의 판정을 돕기 위해 어떤 기술이 등장할지, 비디오 판독은 어떻게 변모할지 궁금해진다.

공감각의 비밀

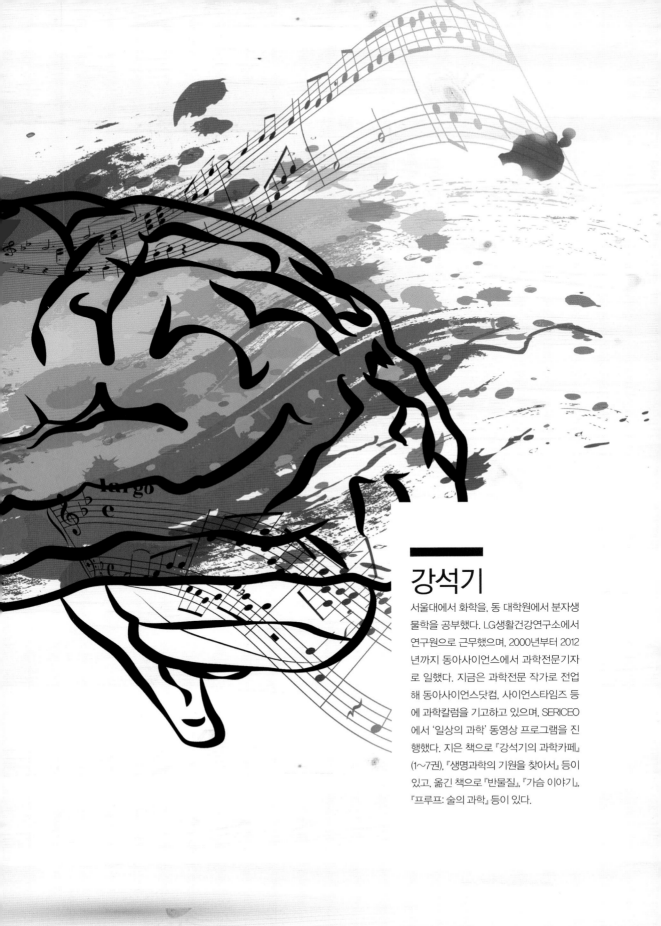

강석기

서울대에서 화학을, 동 대학원에서 분자생물학을 공부했다. LG생활건강연구소에서 연구원으로 근무했으며, 2000년부터 2012년까지 동아사이언스에서 과학전문기자로 일했다. 지금은 과학전문 작가로 전업해 동아사이언스닷컴, 사이언스타임즈 등에 과학칼럼을 기고하고 있으며, SERICEO에서 '일상의 과학' 동영상 프로그램을 진행했다. 지은 책으로 『강석기의 과학카페』(1~7권), 『생명과학의 기원을 찾아서』 등이 있고, 옮긴 책으로 『반물질』, 『가슴 이야기』, 『프루프: 술의 과학』 등이 있다.

오감의 융합, 공감각의 비밀 풀었다

'분수처럼 흩어지는 푸른 종소리'를 진짜 봤을까?

소설 『롤리타』의 작가 블라디미르 나보코프는 공감각자이기도 했다.

초록색 무리에는 오리나뭇잎의 f, 덜 익은 사과의 p, 피스타치오의 t가 있다. 약간 보라색이 섞인 듯한 흐린 초록색이 w를 두고 생각할 수 있는 최고의 색이다. 노란색의 경우 다양한 e와 i가 있으며, 크림색의 d, 밝은 황금색의 y, 그리고 자소(낱글자)의 가치를 '올리브색 광채가 나는 놋쇠 같은 느낌'이라고 밖에는 표현할 수 없을 u가 있다.

(중략)

이 일(공감각)이 논의된 것은 내가 일곱 살이던 해의 어느 날, 탑을 쌓기 위해 낡은 알파벳 토막들의 더미를 사용하고 있을 때였다. 나는 불쑥 어머니에게 나무토막들의 색깔이 전부 잘못됐다고 말했다. 그리고 나서 우리는 어머니의 글자들 중 몇 개가 내 것과 같은 색깔을 가지고 있음을 발견했고, 또 어머니의 경우엔 음표들로부터 시각적인 영향을 받았다는 사실을 알게 되었다. 음표들의 경우 나에겐 아무런 색채 환각도 불러일으키지 않았다.

– 블라디미르 나보코프, 『말하라, 기억이여』에서

소설 『롤리타』로 유명한 러시아 태생의 미국 작가 블라디미르 나보코프(Vladimir Nabokov)는 52세인 1951년 출간한 자서전 『말하라, 기억이여』의 2장 '내 어머니의 초상'에서 이상한 얘기를 들려주고 있다. 나보코프는 알파벳을 보면 어떤 색이 떠오르는 '색채 환각'을 느꼈는데, 그 색조가 너무 생생해 '올리브색 광채가 나는 놋쇠 같은 느낌'이라고 표현하고 있다.

그는 일곱 살 때 우연히 어머니도 같은 환각을 느낀다는 사실을 알게 됐는데 흥미롭게도 자소와 색의 매치가 다른 경우가 많았다. 그리고 어머니는 특정 음표에서 특정한 색이 느껴진다고도 말했는데, 자신은 그렇지 못하다고 얘기하고 있다.

오늘날 심리학 용어로 두 사람은 공감각(synesthesia) 소유자들이다. 공감각이란 한 감각 자극이 그 감각의 지각뿐 아니라 다른 감각의 지각까지 불러일으키는 현상이다. 두 사람 모두 '자소(grapheme)—색 공감각'(이 경우 시각의 다른 양상)을 지녔고 나보코프의 어머니는 여기에 더해 '음표(소리)—색 공감각'까지 경험했다. 1925년 결혼한 아내 베라도 공감각자였고 1934년 태어난 아들 드미트리도 공감각을 느꼈다. 한마디로 공감각 집안이었던 셈이다.

은유적 표현이 아니라 생리적인 현상

나보코프는 작가이므로 그가 멋지게 묘사한 공감각이 '은유적 표현'이었을 거라고 생각할 수도 있다. 실제로 한 세대 전까지도 공감각은 상상력의 소산이라고 생각돼 과학계에서 무시됐다. 1881년부터 1931년까지 50년 동안 공감각 관련 논문이 74편이었던 반면, 1932년부터 1982년까지는 23편에 불과했다. 공감각의 과학에 대한 본격적인 연구가 이루어진 것은 찰스 다윈의 사촌인 프랜시스 골턴이 1880년 학술지

공감각 연구 논문 건수 추이. 1880년대와 1890년대 본격적으로 연구되기 시작하다가 행동주의 심리학이 득세하던 1900년대 중반 긴 침묵에 들어갔다. 그 뒤 1980년대 재조명되면서 2000년대 들어 폭발적으로 늘어났다.

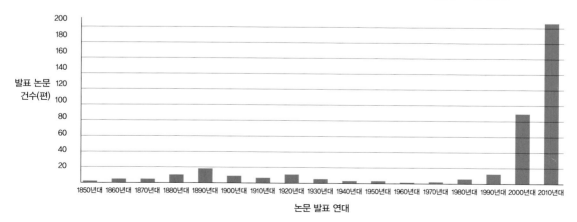

발표 논문 건수(편)

논문 발표 연대

1980년대 공감각에 대한 신경생리학 연구를 시작해 공감각 연구의 르네상스를 이끈 리처드 사이토윅.
© cytowic.net

《네이처》에 발표한 논문에서였다. 그는 숫자에서 색을 보는 사람들의 예를 소개했고 3년 뒤 공감각이 유전되는 것 같다는 주장을 하기도 했다. 아무튼 공감각은 많은 사람들의 관심을 끌었고 관련 연구가 이어졌다. 그러나 20세기 들어 버허스 스키너로 상징되는 행동주의 심리학이 풍미하면서 공감각은 과학 연구의 대상에서 배제됐다. 객관화할 수 있는 데이터만을 인정한 행동주의 관점에서 당시로서는 온전히 주관적인 평가에 의존할 수밖에 없는 공감각 연구는 과학이 아니었기 때문이다.

그러나 1980년대 미국의 신경학자 리처드 사이토윅(Richard Cytowic)이 공감각의 신경생리학 연구를 시작하며 공감각이 과학의 영역으로 들어왔다. 사이토윅은 1989년 교재『Synesthesia: a union of the senses(공감각: 감각의 융합)』을 출간했고 1993년 교양과학서『The man who tasted shapes(형태의 맛을 보는 남자)』를 펴냈다. 이를 계기로 공감각은 대중매체의 관심거리가 됐고 여러 심리학자와 신경학자가 공감각 연구에 뛰어들었다.

그 결과 공감각은 착시처럼 우리의 의지와 무관한 생리현상이라는 사실이 분명해졌다. 이를 입증하는 실험이 여럿 있는데, 그 가운데 하나인 숫자 찾기 테스트를 보자. 아래의 왼쪽 그림을 제시하고 '2가 몇 개일까?'라고 물으면 평범한 감각을 지닌 사람은 정답을 맞히기가 쉽지 않다. '2'와 '5'가 서로 거울상이어서 5에 묻혀 있는 2를 찾기도 어려울 뿐더러 배치가 불규칙해 세다 보면 헷갈리기 때문이다. 그러나 자소(숫

왼쪽 그림을 보고 '2'가 몇 개인지 묻는 테스트를 하면 평범한 감각을 지닌 사람들은 답하는 데 시간이 꽤 걸릴 뿐 아니라 틀리는 경우도 많다. 그러나 특정 숫자에서 특정 색이 보이는 공감각자는 어렵지 않게 답할 수 있다. 오른쪽은 공감각자의 눈에 보이는 모습을 도식화한 그림이다.

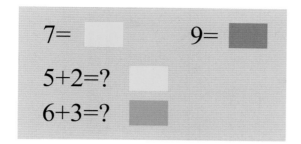

공감각은 때론 부정적인 영향을 미치기도 한다. 숫자 9가 파란색으로 보이는 사람은 아래 문제를 답할 때 물음표 뒤에 있는 녹색 표시를 보고 9의 색이 아니어서 잠시 주저하게 된다. 평범한 감각을 지닌 사람들은 이해하기 어려운 현상이다.

공감각자가 주목하는 대상에 따라 나타나는 공감각 패턴이 달라진다. 숫자 2에서 주황색을, 5에서 녹색을 보는 공감각자가 작은 숫자 2로 만든 큰 숫자 5를 볼 때 '2'에 주목하면 주황색으로 보이고 '5'에 주목하면 녹색으로 보인다. 역시 평범한 감각을 지닌 사람들은 상상이 안 되는 현상이다.

자)−색 공감각자는 어렵지 않게 '2가 여섯 개'라고 답할 수 있다. 오른쪽 그림은 5가 녹색으로 보이고 2가 빨간색으로 보이는 공감각자가 지각하는 이미지를 도식화한 것이다. 이렇게 보인다면 우리도 금방 2가 몇 개인지 셀 수 있을 것이다. 하지만 공감각이 꼭 도움을 주는 건 아니다. 예를 들어 숫자 7이 노란색으로, 숫자 9가 파란색으로 보이는 공감각자에게 '5+2=?'이라는 산수 문제를 내면서 물음표 뒤에 노란색 네모를 두면, 정답을 말하는 데 아무런 문제가 없다. 그런데 '6+3=?'이라는 문제 옆에 녹색 네모를 두면, 답을 말하는 시간이 다소 지체된다. 덧셈을 해서 9를 답하려고 하는데, 물음표 뒤에 파란색이 아니라 녹색 네모가 있어 순간 망설이기 때문이다. 물론 공감각을 경험하지 못하는 사람

작가 블라디미르 나보코프의 가족이 살았던 주택. 러시아 상트페테르부르크에 있는 이곳은 현재 나보코프 박물관이 되었다. 나보코프, 그의 어머니와 아들 모두 공감각자였다.

들은 이런 현상을 보이지 않는다.

공감각자가 보여주는 또 하나의 흥미로운 현상은 주의를 어디에 두냐에 따라 공감각의 양상이 바뀐다는 점이다. 즉 나무를 보느냐 숲을 보느냐에 따라 풍경이 다르게 보이는 셈이다. 예를 들어 숫자 2는 주황색으로, 숫자 5는 녹색으로 보이는 공감각자에게 작은 숫자 2가 모여 큰 숫자 5를 만든 이미지를 보여준다. 과연 이 숫자는 무슨 색으로 보일까.

공감각자가 작은 숫자 2에 초점을 맞출 경우(나무를 볼 때) 큰 숫자 5가 주황색으로 보인다. 이때 시야를 넓혀 큰 숫자 5에 초점을 맞추면(숲을 볼 때) 어느 순간 녹색으로 바뀐다. 공감각을 경험하지 못하는 사람들에게는 거짓말 같은 얘기지만 실제 일어나는 현상이다. 즉 어떤 숫자를 인식하느냐에 따라 색이 결정되는 것이다. 공감각은 어릴 때부터 나타난다. 공감각자들은 기억하는 한 쭉 공감각을 지녔다고 얘기한다. 보통 서너 살 때부터 기억이 나므로 늦어도 이때에는 공감각이 형성돼 있다는 말이다. 그리고 나이가 들어도 공감각 패턴이 유지된다. 블라디미르 나보코프의 아들 드미트리가 회상한, 공감각과 관련된 아버지와의 일화가 이를 잘 보여준다.

"공감각자의 색 연결은 일생을 통해 일관되게 남아 있는 것으로 보인다. 우리의 경우 이에 대해 상당한 정도로 엄격하게 확인할 수 있었다. 아버지는 내가 여덟 살 때 테스트를 했고, 내가 삼십 대 때 다시 검사했다. 알파벳에 상응하는 색을 비교하자 원래 색조를 유지하고 있었다."

유전되지만 체험 방식은 달라

공감각이 생리현상임을 뒷받침하는 강력한 증거 가운데 하나가 공감각자 가운데 다수가 가족 중에도 그런 사람이 있다는 것이다. 즉 공감각이 유전되고 따라서 '공감각 유전자'도 있을 가능성이 크다는 말이다. 2009년 사이토윅은 19세 연하인 신경과학자 데이비드 이글먼(2017년 번역출간된 베스트셀러『더 브레인』의 저자다)과 공저로『Wednesday is indigo blue(수요일은 인디고블루)』를 출간했는데, 여기서 공감각의 유전학을 다루며 나보코프의『말하라, 기억이여』를 인용하고 있다. 즉 나보코프가 책에 적은 자세한 묘사는 그의 탁월한 문학적 상상력을 보여주는 게 아니라 생생한 공감각의 체험이라는 것이다. 참고로 책 제목은 '요일−색 공감각'의 한 예에서 따왔다.

아울러 나보코프와 어머니의 자소−색 대응이 대부분 어긋나는 것도 공감각 유전학을 정확히 보여주고 있다. 즉 공감각이라는 현상이 유전되는 것이지 대응 패턴까지 동일한 것이 아니다. 실제 일란성쌍둥이라도 공감각을 똑같은 대응관계로 느끼지는 않는다. 또 나보코프처럼 한 가지 공감각만 느낄 수도 있고 그의 어머니처럼 두 가지 이상을 느끼는 사람도 있다. 예를 들어 책에는 한 자극에 다섯 감각이 동원되는 공감각자의 체험담이 있다.

"전화벨이 울리는 소리를 들었을 때… 작고 둥근 물체가 내 눈앞에 구르고… 손가락엔 밧줄처럼 촉감이 거친 뭔가가 느껴지고… 소금물의 맛과… 흰색의 뭔가를 경험한다."

축삭생성에 관련된 유전자에 변이 있어

2000년대 들어 게놈분석기술이 눈부시게 발전하면서 몇몇 연구자들이 공감각 유전자 사냥에 뛰어들었지만, 이렇다 할 성과를 내지는 못했다. 그런데 학술지《미국립과학원회보》2018년 3월 20일 자에 공감각과 관련된 유전자 변이를 찾았다는 연구결과가 실렸다.

막스플랑크심리언어학연구소를 비롯한 네덜란드와 영국의 공동 연구자들은 '소리-색 공감각'을 보이는 세 가계를 분석해 공감각자들만 지니고 있는 변이 유전자 37개를 찾았다고 밝혔다. 연구자들은 각 가계에서 공감각이 있는 사람들과 없는 사람들의 게놈(정확히는 유전자에 해당하는 엑솜)을 비교해 두 집단 사이에 차이가 있는, 즉 공감각자들만이 지닌 유전자 변이를 찾았다. 그 결과 가계 11의 공감각자들에서 변이 유전자 12개, 가계 16에서 8개, 가계 2에서 17개를 찾았다. 놀랍게도 이 가운데 단 하나도 겹치지 않아 세 가계의 변이 유전자가 37개에 이른다. 즉 소리-색 공감각을 유발하는 유전자 변이가 한 가지가 아니라는 말이다.

연구자들은 이 가운데 축삭생성(axonogenesis)에 관여하는 6개 유전자의 변이가 공감각 발생과 직접적인 관련이 있을 것으로 추정했다. 공감각은 뇌에서 감각정보를 처리하는 네트워크의 배선 이상에서 비롯된다. 즉 소리정보가 소리지각을 담당하는 부위로만 가는 게 아니라 색을 처리하는 부위로도 연결돼 소리자극을 색상으로 지각하는 것이다. 이런 배선의 전선은 신경세포(뉴런)에서 나온 축삭(axon)을 의미하므로 축삭생성과 관련된 유전자 변이가 공감각을 일으킬 가능성이 크다. 예를 들어 가계 11의 경우 공감각자들은 SLIT2와 ROBO3, COL4A1, SLC9A6 유전자의 변이를 공유했다. 이 가운데 앞의 세 유전자에서는 염기가 하나 바뀌면서 아미노산도 바뀌게 돼 변이 단백질이 만들어진다. SLC9A6 유전자 변이는 아미노산으로 번역되지 않는 부분의 염기가 바뀐 것으로, 만들어지는 단백질은 똑같지만 발현량이 다를 것이다. SLIT2와 ROBO3은 축삭이 자라는 길을 안내하는 역할을 하는 것으로 알려져 있다. 가계 16의 공감각자들은 MYO10 유전자의 변이를 공유하는데, 염기가 바뀌어도 만들어지는 단백질은 동일하지만 역시 발현량이 줄어들 것으로 추정된다. MYO10은 액틴이라는 단백질 섬유를 따라 이동하는 모터단백질로, 신경돌기성장원뿔(neurite growth cone)

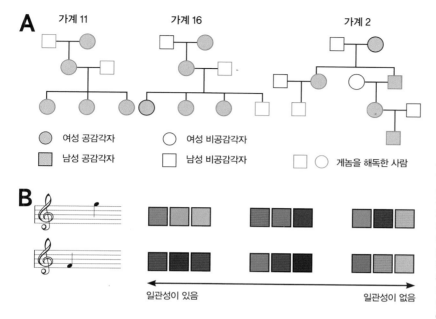

최근 《미국립과학원회보(PNAS)》에는
소리-색 공감각 관련 유전자 변이를
찾았다는 연구결과가 실렸다.
A는 공감각을 보이는 세 집안의
가계도로 회색이 공감각자, 흰색이
비공감각자이고 동그라미가 여성,
네모가 남성이다. 파란색 테두리선이
게놈을 해독한 사람이다. B는 소리-색
공감각을 확인하는 테스트로,
공감각자는 세 차례에 걸친 검사에서
특정 높이의 음에 거의 같은 색을
대응시킨 반면(왼쪽), 비공감각자는
일관성이 없다(오른쪽).
© PNAS

에서 작용한다.

　　가계 2의 공감각자들은 ITGA2 유전자의 변이를 공유해 아미노산이 하나 바뀐 변이 단백질이 만들어진다. 이 단백질은 인테그린수용체의 일부를 이루는데, 축삭성장원뿔에 있는 인테그린수용체는 뉴런이 세포 밖의 화학적 유도신호를 감지해 반응하는 데 중요한 역할을 한다. 결국 이런 유전자들의 변이로 변이 단백질이 만들어지거나 단백질은 동일하더라도 양이 달라져 뉴런의 축삭이 뻗어 나가는 방향이 바뀌면서 다른 감각 영역으로 넘어가 배선되면, 즉 시냅스가 연결되면 공감각이 나타나는 것으로 보인다.

　　『수요일은 인디고블루』에서 저자들은 공감각자와 비소유자의 차이는 이런 뇌회로의 교차(cross talk)가 있느냐 없느냐의 여부가 아니라 정도의 문제라고 주장했다. 예를 들어 공감각을 느끼지 못하는 사람도 안대를 한 채 48시간을 보내면 손가락에 물체가 닿거나 소리를 들을 때 번쩍하는 뭔가를 본다고 한다. 즉 시각피질이 시각자극을 전혀 받지 못하면 그동안 눌려 있던 미미한 공감각 네트워크가 모습을 드러낸다는 말이다.

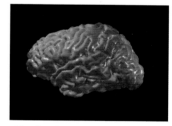

자소-색 공감각자가 글자를
볼 때 뇌의 활동을 분석해 보면
글자를 처리하는 영역(녹색)과
색을 처리하는 영역(빨간색)이
함께 활성화됨을 알 수 있다. 즉
공감각은 감각정보가 목적지 외에
주변 영역에도 전달된 결과다.
© 라마찬드란 & 허바드

유명한 과학자 중에서 공감각자로 알려져 있는 리처드 파인만. 그는 방정식에서 알파벳마다 다른 색으로 보인다고 학생들에게 말했다고 한다. 사진은 미국 캘리포니아 패서디나에 파인만을 기념해 설치한 공공벽화.

공감각은 잃고 싶지 않은 능력

사이토윅이 공감각 연구를 시작한 1980년대만 해도 공감각자가 2만 5000명 가운데 한 명꼴로 아주 드문 현상이라고 추정됐지만, 그 뒤 비율이 점점 올라가 2005년 정밀조사 결과 23명에 한 명꼴로 공감각을 경험하는 것으로 밝혀졌다. 어떻게 20년 사이 비율이 1000배나 높아졌을까. 이에 대해 사이토윅은 과거에는 공감각자 대다수가 자신의 감각 체험이 특이하다는 걸 깨닫지 못했기 때문이라고 설명했다. 즉 다른 사람들도 그런 줄 알았는데, 대중매체에서 공감각을 다루면서 점차 자신이 특이한 능력을 지닌 걸 알게 됐다는 것이다.

평범한 감각을 지닌 사람들과 비교할 때 공감각자들은 자신들의 특이한 감각을 어떻게 생각할까. 비정상이라고 느끼고 불만스러워할까. 대표적인 감각 이상인 색맹의 경우 총천연색 세상을 보지 못한다는 걸 아쉬워한다고 한다. 주변 사람들이 자신들이 구분하지 못하는 색을 쉽게 구분하는 것을 보면서 그게 도대체 어떤 느낌인지 감을 잡을 수 없는 현실이 안타까울 따름이다. 그러나 공감각자들은 자신들이 느끼는 걸 대다수 사람들이 모른다는 사실에서 좀 더 풍요로운 세상에 살고 있다는 사실을 깨닫는다. 사실 이 글에서 공감각 현상을 도식화해서 설명했지만, 이들이 세상을 지각하는 실체가 어떤 것인지는 필자처럼 보통 감각을 지닌 사람들은 상상할 수도 없다. 흥미롭게도 예술가들 가운데 공감각자의 비율이 더 높은 것으로 알려져 있다. 이 글에서 소개한 나보코프를 비롯해 20세기 현대 추상미술을 개척한 러시아 태생의 화가 바실리 칸딘스키와 독일의 파울 클레도 공감각자였다. 음악가로는 알렉산드르 스크랴빈과 니콜라이 림스키-코르사코프가 있다.

유명한 과학자 가운데도 공감각자가 있다. 미국의 발명가 니콜라 테슬라와 이론물리학자 리처드 파인만이 대표적인 인물이다. 이들의 창의성에 공감각이 얼마나 기여했는가가 궁금하다.

오감은 서로 연결돼 있어

2000년대 들어 공감각 연구가 르네상스를 맞이하면서 인간의 오감에 대한 기존 개념이 더 이상 적절하지 않다는 공감대가 퍼지고 있다. 즉 다섯 가지 감각 정보가 뇌에서 서로 독립적으로 처리돼 세계를 지각한다는 패러다임이 부적절하다는 뜻이다. 공감각을 경험하지 못하는 평범한 사람들조차 다섯 가지 감각을 완전히 따로 지각하지는 않는다. 같은 온도에서도 주황색 조명 아래에서는 따뜻한 느낌이 들고 청색 기운이 있는 형광 조명 아래에서는 차가운 느낌이 든다.

이런 연관성과 관련된 가장 유명한 예가 '보우바 키키 효과'다. 끝이 날카로운 도형과 둥근 도형을 보여주며 어느 쪽이 '보우바(bouba)'이고 어느 쪽이 '키키(kiki)'일 것 같으냐고 물으면, 지역과 인종을 불문하고 대다수가 끝이 둥근 도형을 보우바로, 끝이 날카로운 도형을 키키

음악을 들으면 색을 보았던
공감각자였던 바실리 칸딘스키와
그의 작품 '노랑-빨강-
파랑(1925년)'. 그의 작품을 보면
음악이 들린다는 공감각자도
있다고 한다.

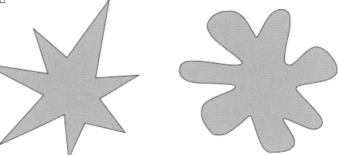

어느 쪽이 보우바이고 어느 쪽이 키키일까? 이 물음에 대한 답은 지역이나 인종에
관계없이 비슷한데, 이를 '보우바 키키 효과'라고 한다. 즉 평범한 사람들도
소리(청각)와 형태(시각)를 완전히 독립적으로 지각하지는 않는다는 말이다.

라고 답한다. 독자들도 십중팔구 그럴 것이다. 청각과 시각도 마찬가지다. 바실리 칸딘스키는 저서『예술에서의 정신적인 것에 대하여』에서 "색의 소리는 매우 정확하기 때문에 밝은 노란색을 피아노 저음으로, 또는 어두운 진홍색을 고음으로 표현하는 사람은 거의 없다"고 썼다.

공감각 연구결과가 던진 가장 심오한 메시지는 '세계의 객관적인 실재는 없다'는 깨달음이다. 매 순간 세계에서 생성되는 정보의 양은 우리 뇌가 처리하기에는 너무 방대하다. 따라서 인간(다른 동물도 마찬가지다)은 몇몇 감각 기관을 통해 선별적으로 받아들인 정보를 바탕으로 세계를 재구성한다. 그리고 공감각자와 비공감각자는 이렇게 받아들이는 정보가 처리되는 방식이 다를 뿐이다. 즉 둘 가운데 누가 정상이고 누가 비정상인가라는 물음은 의미가 없다는 말이다. 최근에는 개인에 따라 감각 기관이 정보를 받아들이는 패턴 자체도 다르다는 사실이 밝혀지고 있다. 같은 길을 걷고 나서도 서로 다른 얘기를 하는 이유다.

정보의 바다에서 오감을 통해 건져 올린 극히 일부를 바탕으로 재구성한 세계가 객관적 실재인 줄 알며 살아가는 게 우리의 모습이라는 사실을 인정한다면, 나와 다르다며 남을 탓하는 어리석음을 조금이나마 줄일 수 있지 않을까.

태양탐사선 파커

이광식

성균관대 영문학과를 졸업한 뒤, 30여 년
간 출판계에 종사하면서 한국 최초의 천문
잡지 《월간 하늘》을 창간하고 3년여 발간
했다. '우주란 무엇인가?', '나와 우주는 어
떤 관계인가' 등을 화두로 한 책 『천문학 콘
서트』를 출간한 이후, 『십대, 별과 우주를
사색해야 하는 이유』, 『잠 안 오는 밤에 읽
는 우주 토픽』, 『별 아저씨의 별난 우주 이
야기』, 『내 생애 처음 공부하는 두근두근 천
문학』 등을 내놓았다. 지금은 '원두막 천문
대'라는 개인 관측소를 운영하면서 일간지
에 우주 · 천문 관련 기사 · 칼럼을 기고하
는 한편, 각급 학교와 단체 등에 우주특강
을 나가고 있다.

'역사상 가장 뜨거운 우주 미션'

파커 태양탐사선, 태양의 2대 비밀 풀 수 있을까?

2018년 여름은 참으로 무더웠다. 지구 행성의 북반구가 그야말로 벌겋게 달아올랐다. 거기에는 오로지 하나의 원인이 있었을 뿐이다. 바로 우리 별 태양의 위력이다. 무려 1억 5000만km나 떨어져 있는 별 하나에서 나오는 복사열이 우리를 강렬한 열기 속으로 몰아넣었던 것이다. 1억 5000만km는 과연 얼마나 먼 거리일까. 시속 100km의 차로 달려도 170년 동안 줄곧 가속 페달을 밟고 있어야 하는 어마어마한 거리다. 그런데도 태양은 이처럼 뜨겁다. 얼마나 뜨거울까. 벌겋게 녹은 쇳

물은 1500℃가 넘는다. 금속 중 녹는점이 가장 높은 텅스텐은 3410℃가 돼야 녹는다. 그런데 태양의 표면 온도는 그 2배에 가까운 6000℃나 된다. 염열지옥(불교에서 말하는 팔대 지옥 중 하나로 맹렬하게 타오르는 불에 둘러싸여 괴로움을 당하는 곳)이라도 이보다는 시원할 것이다. 만약 지구가 태양 속으로 내던져진다면 남아날 게 전혀 없다는 얘기다. 인류가 태양에 관해 400년 이상 연구해 왔지만 아직도 수많은 비밀이 풀리지 않고 있는 주된 이유가 바로 이 고온 때문이다. 태양은 누구든 감히 범접할 수 없는 존재인 것이다.

파커 태양탐사선 미션의 공식 휘장.
© NASA

그런데 이 지옥 같은 태양 대기 속으로 뛰어들기 위해 영웅적인 탐사선 하나가 지금 태양 둘레를 돌고 있는 중이다. '역사상 가장 뜨거운 우주 미션'을 수행할 주인공은 미국항공우주국(NASA)의 파커 태양탐사선(Parker Solar Probe, PSP)이다. 수십 년에 걸친 과학자들의 치열한 토론과 구체적 제작을 거친 끝에 파커 태양탐사선은 마침내 2018년 8월 12일 새벽 장도에 올랐다.

NASA의 파커 태양탐사선이 플로리다주 케이프커내버럴 공군기지에서 델타 IV 로켓에 실려 성공적으로 발사되고 있다.
© NASA

태양을 향해 날아라!

NASA 수석 과학자인 짐 그린은 파커 태양탐사선 발사 직후에 벅찬 감회를 다음과 같이 표현했다. "정말 경이롭다. 우리는 유진 파커가 벌떡 일어나서 '나는 태양이 태양풍을 방출하고 있다고 생각한다'라고 말한 이래 60년 동안 이 일을 하고 싶었다."

총 15억 달러(한화 1조 7,000억)가 투입된 파커 태양탐사선은 가로 1m, 세로 3m, 높이 2.3m에 건조중량이 555kg이며 크기가 경차 정도이다. 이 탐사선이 지구 중력을 뿌리치고 우주로 탈출하는 데 사용한 로켓은 강력한 델타 IV 헤비 로켓으로, 세 개의 부스터로 구성된 것이다. 덩치가 작은 파커 태양탐사선을 가장 강력한 델타 IV 헤비 로켓에 실은 이유는 태양에 가까이 접근해 태양을 공전하는 궤도에 진입하기 위해서는 발사 시 많은 에너지가 필요하기 때문이다. 지구에서 발사된 물체들은 지구의 공전 속도(초속 30km)와 같은 속도로 태양 주위를 돌기 시작하므로, 지구 공전 궤도에서 벗어나 태양에 접근하기 위해서는 엄청난 반작용 힘을 발휘해 탐사선의 속도를 줄여야 한다.

파커 태양탐사선이 로켓에 실려 발사된 지 약 6분 만에 1단 로켓과 페이로드 페어링(원뿔 모양 보호덮개)이 분리됐고, 이후 차례대로 2단 로켓과 3단 로켓까지 분리됐다. 드디어 로켓 발사 40분 뒤 탐사선이 모든 추진체로부터 분리되어 태양전지판을 펼치고 자체 동력으로 비행하기 시작했다. 파커 태양탐사선에는 전자기장과 플라스마, 고에너지 입자를 관측할 수 있는 장비, 태양풍의 모습을 3D 영상으로 담을 수 있는 카메라 등이 탑재되어 있다. 이 장비들로 태양의 대기 온도와 표면 온도, 태양풍, 방사선 등을 정밀하게 관측한다(198쪽 박스 글 참조). NASA 본부 과학임무부 토머스 주버컨 박사는 "우리는 태양을 연구함으로써 태양 자체보다 더 많은 것을 배울 수 있을 뿐만 아니라, 은하와 생명의 기원 등을 통해 다른 모든 별들에 대해 더 많은 것을 알 수도 있다"고 말했다.

페어링을 분리하고 파커 태양탐사선이 모습을 드러내는 상상도.
© NASA/Johns Hopkins APL

추진체와 로켓에서 분리된 뒤 지구를 떠나는 파커 태양탐사선 상상도.
© JHU/APL

파커 태양탐사선, 금성과 7차례 '중력 춤' 춘다

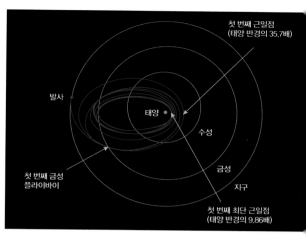

파커 태양탐사선의 궤도 설계. 약 7년 동안 7차례 금성의 중력도움을 받아 태양 궤도를 차츰 좁혀가면서 태양 표면에 616만km까지 접근할 계획이다.
ⓒ NASA/Johns Hopkins APL

탐사선의 궤도를 디자인한 미국 존스홉킨스대 응용물리연구실의 얀핑 구오(Yanping Guo) 박사는 유효 발사 시간대에 관해 다음과 같이 설명했다. 그는 "태양까지 도달하는 데 필요한 에너지는 화성에 가는 데 필요한 에너지보다 55배나 많이 들고, 태양계 맨 끝의 명왕성에 도착하는 데 필요한 양의 두 배에 달한다"며 "여름 동안에 탐사선을 태양으로 보낼 수 있도록 지구와 다른 태양계 행성들이 가장 이상적으로 정렬한다"고 밝혔다. 그렇다고 파커 태양탐사선이 단번에 일직선으로 태양까지 날아가는 것은 아니다. 초속 30km로 태양 둘레를 공전하는 지구에서 출발하는 탐사선이 태양으로 직행하려면 탐사선이 엄청난 가속과 감속을 해야 하는데, 현실적으로 그럴 만한 연료를 싣고 갈 수가 없다. 이럴 때 과학자들이 사용하는 방법이 바로 중력도움(중력보조)이다. 영어로는 스윙바이(swing-by) 또는 플라이바이(fly-by)라 하는데, 한마디로 '행성궤도 근접통과'로, 행성의 중력을 슬쩍 훔쳐내어 공짜로 우주선을 가속하거나 감속시키는 영리한 항법이다. 이론상으로는 행성 궤도 속도의 2배에 이르는 속도까지 얻을 수 있으며, 그만큼의 속도를 잃어버릴 수도 있다.

파커 태양탐사선의 10월 3일 첫 금성 플라이바이. 계획대로 금성에 2400km까지 근접 비행하여 중력도움을 얻었다.
ⓒ NASA/Johns Hopkins APL

파커 태양탐사선은 7년 동안 7번의 금성 플라이바이를 포함해 총 24번 태양 주위의 타원궤도를 돌면서 궤도를 점차적으로 줄여나가는 식으로 태양에 접근한다. 그리고 탐사선이 금성을 근접 통과할 때도 그냥 두지는 않는다. NASA의 과학자들은 그 기회를 이용해 턱없이 부족한 금성의 과학 데이터를 부지런히 수집하는 '알바'를 시킬 예정이다. 물론 파커 태양탐사선은 태양의 신비를 풀어줄 양질의 데이터를 얻기 위해 전례 없이 태양에 가까이 접근할 계획이다. '태양을 터치하라(Touch the Sun)'라는 프로젝트 명칭처럼 탐사선은 24차례나 태양 둘레를 타원궤도로 공전하는 가운데 2025년 마지막 태양 근접 비행에서 태양 표면으로부터 616만km 거리까지 다가갈 계획이다. 이는 태양에 가장 가까운 행성인 수성과 태양 사이의 평균거리(5800만km)의 10분의 1 수준으로, 이전 어떤 탐사선의 접근거리보다 7배나 가까운 것이다.

이 정도만 접근해도 태양은 지구에서 보는 것보다 23배나 크게 보인다. 더 이상 접근한다면 텅스텐도 녹여 버리는 지옥불 속으로 떨어지는 꼴이 되고 만다. 지금까지 태양에 가장 가까이 접근한 기록은 1976년 미국과 독일이 합작한 탐사선 헬리오스-2가 4300만km 거리까지 다가갔던 기록이다. 파커 태양탐사선은 발사된 지 3달 후인 2018년 11월 태양 표면에서 2400만km 떨어진 궤도에 진입한 뒤, 처음으로 태양을 중심으로 한 첫 번째 타원궤도 비행을 시작했다. 2025년 6월쯤 태양 표면에 616만km까지 접근한다. 이는 태양 반경의 약 8.5배로 태양 표면까지의 최단거리(0.040AU)가 되는 것이다. 태양과 지구 사이의 거리(1AU)를 100m라 한다면 태양 표면에 4m까지 바짝 접근하는 셈이다. 태양을 근접 비행하는 각 궤도는 타원 모양을 이루는데, 탐사선은 타원궤도를 따라 태양에서 멀어졌다가 태양으로 되돌아오는 선회비행을 계속한다. 각 궤도 주기는 174일에서 88일 사이다.

태양을 길쭉한 타원궤도로 도는 파커 태양탐사선은 케플러 법칙에 의해 타원의 한 중심인 태양으로 접근할 때 속도가 빨라진다. 이 속도는 근일점에서 최고가 된다. 탐사선은 7회의 금성 플라이바이를 통해 점점 더 작은 타원궤도에 진입하고 근일점에서의 거리도 더 짧아진다. 즉 탐사선이 태양에 더욱 가까워지고 근일점에서의 속도는 더욱 빨라진다. 따라서 24회에 걸쳐 태양을 공전하는 궤도 중 거의 마지막 단계, 즉 가장 태양과 가까워졌을 때는 마침내 초속 190km를 찍는 최고 기록을 세우게 된다.

태양, 어떤 존재인가?

태양은 별이다. 우리 은하에는 별, 곧 항성이 약 4000억 개가 있는

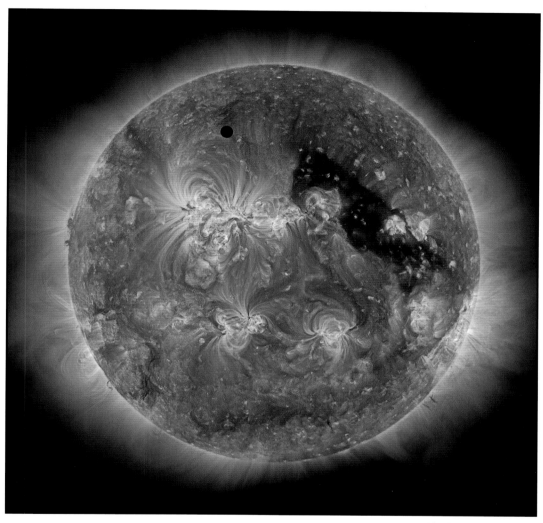

데, 태양은 그중 평범한 중간치 정도의 별에 지나지 않는다. 그래서 수
상집 『월든』을 쓴 데이비드 소로 같은 이는 태양을 '아침에 뜨는 별'이라
고 했다. 이 별이 그럼에도 우리에게 절대 지존으로 군림하는 태양이 된
것은 오로지 한 가지 이유뿐이다. 거리가 가장 가깝다는 것. 지구에서
태양까지의 거리는 약 1억 5000만km(1AU)로, 빛이 8분 20초 달리는
거리다. 그다음으로 가까운 별은 '프록시마 센타우리'란 별인데, 거리가
4.2광년으로 태양보다 30만 배나 더 멀다. 태양이 얼마나 우리에게 가

태양 홍염. 프로미넌스라고도 한다.
불꽃의 주성분은 수소원자로,
붉은빛을 강하게 방출한다. 평균
크기는 높이 3만km, 길이 20만km로
지구 몇 개가 들어갈 규모다.
ⓒ NASA

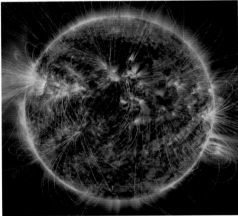

태양의 자기장. 거대한 자기장 고리들이 표면을 뒤덮고 핵에서
거품처럼 솟아오른 뒤 수십만km 높이의 태양 대기까지
치솟았다가 다시 가라앉는다. 자기장 고리는 매우 거대해서
양옆으로 16만km의 여유를 두고 지구가 통과할 수 있다.
ⓒ NASA

2002년 태양관측위성 SOHO가 촬영한 태양 폭풍. 엄청난 에너지를
뿜어내는데, 이를 '코로나 질량 방출(CME)'이라 한다.
ⓒ NASA, ESA, SOHO Consortium

까운 별인지 실감할 수 있다.

태양은 얼마나 클까. 지름이 무려 지구의 109배인 140만km로, 지구와 달 사이 거리의 4배에 달한다. 태양의 질량은 더욱 놀랍다. 행성, 위성, 소행성 등 모든 태양계 천체의 질량 총합에서 무려 99.86%를 차지한다. 나머지 0.14%가 지구를 포함한 8개 행성과 기타 등등이라는 뜻이다. 그러니까 70억 명의 인류가 아웅다웅하며 사는 우리 지구는 태양계라는 큼지막한 곰보빵에 붙어 있는 빵가루 하나 정도밖에 안 된다는 얘기다. 이것이 바로 우리 태양계의 놀라운 현실이다.

이처럼 어마어마한 태양은 우리가 그냥 눈으로 보면 겉보기에는 별다른 변화가 없는 노란 원반처럼 보이지만, 실제로 속사정은 대단히 복잡하다. 엄청 역동적이며 강력한 자기력선이 쉼 없이 꿈틀거리는 별이다. 지구 130만 개가 들어가고도 남을 정도로 거대한 크기를 자랑하는 태양은 그렇다면 무엇으로 만들어져 있는가. 수소 73%, 헬륨 25% 등으로 꾸려진 거대한 기체 덩어리다. 태양 내부는 크게 핵, 복사층, 대류층으로 구성되어 있고, 태양 외부는 태양 표면을 뜻하는 광구(光球), 맨 아래 대기층인 채층(彩層), 가장 바깥의 대기층인 코로나로 이뤄져 있다. 1500만℃에 달하는 중심핵에서는 초당 약 6억 톤의 수소를 태우는 수소 핵융합으로 3.8×10^{28}W(와트)에 해당하는 에너지를 생산한다. 이는 핵폭탄 약 1000조(10^{15})개에 해당하는 에너지로, 세계 인류가 100만 년 동안 쓰는 에너지양보다 많다. 태양 대기는 끊임없이 태양풍으로 물질(대전 입자)을 외부로 내보내고, 태양풍은 명왕성을 넘어서까지 우리 태양계를 감싸며 태양계 안의 모든 세계에 영향을 미친다. 태양풍에 실려온 플라스마 입자에 영향을 받아 때로는 지구 근처의 무선과 통신신호가 왜곡되고, 전력망이 파괴되기도 한다. 지구를 비롯해 태양계 행성들에 미치는 태양의 영향을 통틀어 '우주 날씨'라 한다. 이 우주 날씨의 기원을 이해하는 핵심은 곧 태양 자체를 얼마나 이해하느냐에 달려 있다. 태양풍은 비록 눈에 보이지는 않지만 아름다운 오로라가 극지방을 감싸고 있는 것에서 알 수 있듯이 지구 대기로 흘러드는 엄청난 양의

무진실에서 조립 중인 파커 태양탐사선. 파커 태양탐사 임무는 수십 년 동안 과학자들의 오랜 숙원이었다. 최근 기술의 발달로 첨단 방열판과 태양전지판, 오류관리 시스템이 적용됨으로써 꿈이 현실화됐다.
© NASA/Johns Hopkins APL

태양의 비밀을 파헤칠 네 가지 첨단장비

태양의 비밀을 풀기 위해 파커 태양탐사선은 필드즈, 위스퍼, 스위프, 이시스라는 네 가지 장비를 사용한다. 필드즈(FIELDS, Electromagnetic Fields Investigation)는 전기장과 자기장, 전파, 플라스마 밀도, 전자 온도 등을 직접 측정한다. 이것은 2개의 자속 자력계, 탐색 코일 자력계, 5개의 플라스마 전압 센서로 구성된다. 특히 태양 코로나의 자기장을 측정해, 태양 코로나가 왜 태양 표면에 비해 그렇게 뜨거운지, 태양풍이 왜 그렇게 빠른지에 답하는 데 도움을 준다.

위스퍼(WISPR, Wide-Field Imager for Parker Solar Probe)는 광시야 이미징 장치. 탐사선에 탑재된 유일한 광학 망원경으로, 코로나와 내부 태양권의 이미지를 수집한다. 태양에서 뿜어져 나오는 '코로나 질량 방출(CME)'과 제트 및 다른 분출물을 영상으로 담아내, 거대한 코로나 구조에서 발생하는 현상을 태양 근접 환경에서 포착한 물리적 측정치와 연결시키는 작업을 돕게 된다. 스위프(SWEAP)는 태양풍 전자-알파입자(헬륨핵)-양성자 조사(Solar Wind Electrons Alphas and Protons Investigation) 장치. 태양풍과 코로나 플라스마에 대한 이해를 높이기 위해 태양풍에서 가장 풍부한 입자인 전자와 양성자, 헬륨 이온을 계산하고, 가속도와 밀도, 온도 등을 측정한다. 주요 장비로는 SPAN(Solar Probe Analyzers)과 SPC(Solar Probe Cup, 패러데이 컵)가 있다. 이시스(IS☉IS)는 태양 통합 과학조사(Integrated Science Investigation of the Sun) 장치. ☉ 는 태양을 상징하는 표시다. 광범위한 에너지 영역에서 나오는 입자를 측정한다. 전자와 양성자 및 이온을 측정함으로써 이들이 어디에서 유래하고, 어떻게 가속되며, 행성 간 우주공간을 통해 태양에서부터 어떻게 이동하는지 등을 알아내 입자들의 생애주기를 파악한다. EPI-Hi 및 EPI-Lo의 두 독립 계측기로 구성된다.

플라스마 입자다. 이 태양풍의 메커니즘을 아직 정확히 이해하지 못하기 때문에 이를 알아내는 것이 파커 태양탐사선의 중요 목표 중 하나다.

파커 태양탐사선의 놀라운 '열방패'

파커 태양탐사선의 대담한 태양 탐사가 현실화된 것은 지난 몇십 년 동안 크게 발달한 세 가지의 주요 기술 덕분이다. 즉 최첨단 방열판, 태양전지 냉각 시스템, 향상된 오류 관리 시스템이 그것이다.

존스홉킨스대 응용물리연구실의 파커 프로젝트 매니저인 앤디 드라이스먼 박사는 "방열 시스템이 이번 우주 미션을 가능케 한 기술 중 하나"라며 "이를 이용해 탐사선이 상온에서 작동할 수 있게 됐다"고 밝혔다. 최초 구상에서 제작까지 60년이 걸린 파커 태양탐사선은 크기가 소형차와 비슷하지만, 열을 견디는 능력은 그 어떤 차와도 비교할 수 없을 정도로 막강하다. 파커 태양탐사선이 가진 특수한 '열방패'와 '열갑옷' 때문이다. 태양에 접근할 때 1370℃까지 치솟는 엄청난 실외 온도,

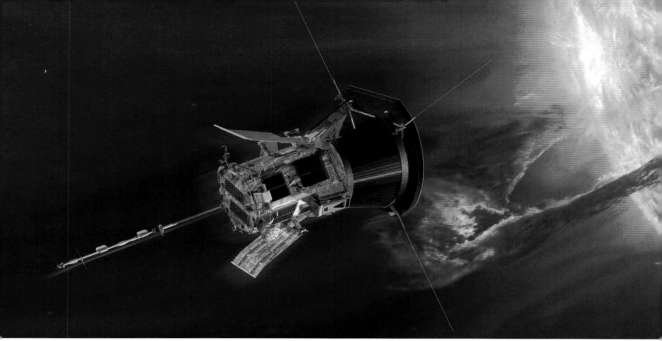

지구에 비해 475배 더 강한 태양 복사로부터 탐사선과 기기들을 보호하는 1차 임무는 탐사선 앞에 장착된 육각형 '열방패'가 맡는다. NASA 연구팀이 개발한 방열 시스템(TPS)이 적용된 열방패는 열을 최대한 반사하기 위해 흰색 세라믹 페인트가 칠해져 있고, 탄소 강판 사이에 탄소 복합재를 넣어 제작된 것으로, 최대 섭씨 1600℃ 이상을 견딜 수 있다.

이 열방패는 태양열 흡수를 최소화하는 덕분에 탐사선 시스템과 과학장비는 직접적인 태양 복사가 완전히 차단되는 그림자의 중앙 부분에 위치한다. 열방패가 탐사선과 태양 사이에 있지 않으면 몇십 초 내에 탐사선이 손상되어 작동불능에 빠진다. 지구와의 무선통신에 약 8분이 소요되므로, 파커 태양탐사선은 자체 보호를 위해 자율적으로 신속하게 작동해야 한다. 네 개의 광센서를 사용해 미처 차폐되지 않은 직사광선의 흔적을 재빨리 탐지하고 자세 제어용 플라이휠로 탐사선의 자세를 다시 조정한다. 또한 문제가 발견되면 탐사선이 지구와 접촉하지 않을 때도 코스를 자체적으로 정정할 수 있고, 과학장비를 시원하게 유지해 장기간 기능할 수 있도록 담보한다. 이런 점에서 파커 태양탐사선은 '역사상 가장 자율적인 탐사선'이라 할 수 있다. 2차 보호막은 파커 태양탐사선의 외부를 감싸고 있는 '열갑옷' 방열 시스템이다. 일종의 탄소 샌드위치인 열갑옷은 97%가 공기인 두께 11.43cm의 탄소복합체로, 내부

온도를 27℃로 유지해 주도록 설계된 것이다. 지름이 거의 2.5m에 달하지만 경량 소재를 사용해 무게는 73kg에 지나지 않는다.

탐사선의 또 다른 중요한 혁신은 태양전지판 냉각 시스템이다. 태양의 강렬한 열 부하에도 무리 없이 전력을 생산토록 한다. 파커 태양탐사선을 작동하는 1차 동력은 이중 태양전지판이다. 태양에서 0.25AU 이상 떨어진 곳에서의 임무에 주로 사용되는 1차 태양전지판은 태양에 가까이 접근하는 동안 열방패 뒤로 후퇴하며, 작은 2차 태양전지판이 태양에 가까이 접근할 때 순환하는 유체 냉각법을 사용해 동력을 공급하고 전지판과 계기의 작동 온도를 유지한다.

태양 코로나와 태양풍의 신비 벗긴다

파커 태양탐사선의 이름은 평생을 태양 연구에 바친 미국 천체물리학자 유진 파커(1927~)에서 따온 것이다. 현존 인물의 이름을 탐사

개기일식 때 보이는 코로나.
2015년 3월 20일 북극해에 있는
노르웨이령 스발바르제도에서
촬영했다.

2010년 3월 30일에 일어난 거대한 태양폭풍.
흑점 등에서의 폭발로 생긴 태양폭풍은 대규모의
플라스마(태양풍)를 쏟아내 위성과 우주비행사에
치명적 위험을 줄 수 있고, 지구 자기장을 동요시켜
통신망이나 전력망에 피해를 줄 수도 있다. 이에
대한 대책이 필요하다.
© NASA/SDO

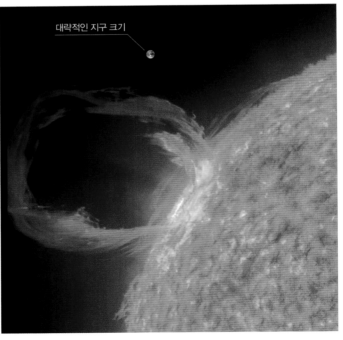

대략적인 지구 크기

근일점을 향해 급강하하는 파커 태양탐사선의 상상도. 초속 190km로 최고 기록을 세운다. 태양 궤도를 24바퀴 돌아 도달하는 최종 궤도에서는 태양 표면에서 불과 620만km 떨어진 지점까지 근접한 뒤 미션이 종료된다.
© NASA/Johns Hopkins APL

선 이름으로 삼은 것은 이번이 최초이다. 파커 태양탐사선은 파커 박사를 기리는 뜻에서 헌정된 것이다. 파커 박사는 태양의 2대 비밀 중 하나인 코로나의 고온에 대해 유력한 가설을 내놓은 천문학자다. 파커 태양탐사선의 핵심 관측 대상인 태양 대기의 상층부, 즉 코로나에서는 플라스마가 방출된다. 코로나 플라스마는 전자와 양성자, 중이온 등으로 이온화된 가스로, 온도가 태양 표면보다 무려 200배나 높은 수백만 도나 된다.

　태양의 에너지는 중심부에서 생성되기 때문에 바깥 대기층인 코로나가 표면보다 이렇게 고온이라는 사실은 우리 직관으로 이해되지 않는다. 이것은 마치 모닥불 바로 옆보다 멀리 떨어진 데가 더 뜨겁다는 역설적인 상황과 같다. 그렇다면 왜 코로나가 이처럼 고온인 것일까. 그 이유는 태양 대기 속에서 초당 수백 번씩 일어나는 작은 폭발들(nanoflares)이 코로나 속의 플라스마를 가열시키기 때문이라는 것이 파커 박사의 이론이다.

　파커 태양탐사선이 풀어야 할 두 번째 수수께끼는 태양풍의 속도에 관한 것이다. 태양풍이란 말 그대로 태양에서 불어오는 대전 입자 바람으로 '태양 플라스마'라고도 한다. 태양은 끊임없이 태양풍을 태양계 공간으로 내뿜고 있는데, 우리 지구를 비롯해 태양계의 모든 천체들은 이 태양풍으로 멱을 감고 있다고 보면 된다. 태양풍이 어떨 때는 엄청난 에너지를 뿜어내기도 하는데, 이를 '코로나 질량 방출(CME)'이라 한다. 이 에너지 입자들은 태양에서 쏟아져 나오자마자 빛 속도의 절반보다 빠른 속도에 도달하며, 인공위성의 전자장치, 특히 지구 자기장 바깥에 있는 위성의 전자장비에 간섭을 일으킨다. 태양 흑점 등에서 열에너지 폭발이 발생하면 거대한 플라스마 파도가 지구를 향해 초속 400~1000km로 돌진한다. 이럴 경우 마치 지구 자기장에 구멍이 난 것처럼 대량의 입자들이 지구에 영향을 미치는데, 이를 '태양폭풍'이라 한다. 이 물질들은 지구 대기를 통과하는 과정에서 사람에게 직접적인 해를 입히지는 않지만, 위성통신과 통신기기를 활용하는 전자 시스템에 영향을 줄 수 있다. 이 경우 전력망, 스마트폰, GPS처럼 위성통신을 사용하는 모든 서비스가 마비될 수 있으며, 대규모 정전사태를 가져와 엄청난 재산상 피해를 낼 수도 있다. 하지만 이것이 고위도의 지구 상공에 아름다운 오로라를 만들기도 한다.

가장 최근 관측된 태양폭풍은 2013년 10월 말부터 11월 초 사이에 일어났다. 이로 인해 태양을 관측하던 인공위성인 SOHO가 고장 났고 지구궤도를 돌던 인공위성들이 크고 작은 손상을 입었으며, 국제우주정거장(ISS)에 있던 우주인들은 태양폭풍이 뿜어내는 강력한 방사선을 피해 안전지역으로 대피해야 했다. 태양폭풍과 이에 따른 태양풍에 대한 정확한 관측이 필요한 것은 이를 미리 예측하고 대비해야 인적·물적 피해를 줄일 수 있을뿐더러, 인간이 달과 화성, 더 나아가 심우주를 탐험하는 데 필수적이기 때문이다. 태양풍의 기원에 대해 어느 정도 파악하고 있으나 그것이 초음속으로 가속되는 메커니즘은 아직까지 모르고 있다. 데이터에 따르면 이런 변화는 태양 대기의 가장 바깥층인 코로나에서 일어나는 것으로 추정된다. 파커 태양탐사선은 태양 대기층을 직접 통과할 예정이며, 과학자들은 원격과 현장 측정으로 그 같은 일이 어떻게 일어나는지를 밝힐 계획이다. 이것이 파커 태양탐사 미션에서 풀어내야 할 큰 미스터리다. 이번 미션이 완료되면 여기서 풍부한 자료가 수집될 것이고, 이 자료 덕분에 과학자들은 태양 활동과 우주 날씨에 대해 더 깊이 이해할 수 있을 것으로 기대된다.

탐사선이 헌정된 주인공 유진 파커 박사는 다음과 같이 소감을 밝혔다. "태양탐사선은 이전에 한 번도 탐구된 적이 없는 우주의 한 지역으로 들어갈 것이다. 우리는 마침내 태양풍에서 일어나는 일들을 좀 더 자세히 측정할 것이다. 매우 놀라운 일들이 벌어질 것이다. 우주는 항상 그렇다."

1955년 시카고대 물리학과 교수로 재직할 당시의 유진 파커 교수. 생전에 NASA 탐사선에 이름을 올린 최초의 인물이다.
ⓒ University of Chicago

파커 태양탐사선의 마지막 운명

파커 태양탐사선은 2018년 11월 5일 초속 95km로 첫 번째 근일점 통과에 성공했으며, 이때 태양까지의 거리는 2480만km를 기록했다. 탐사선이 태양에 관한 데이터를 수집하는 동안 지구와의 통신은 중단된다. 대신에 가능한 한 많은 관측을 하는 데 집중할 것이며, 그런 다음 대량의 정보를 일괄적으로 전송한다. 과학자들은 파커 태양탐사선이 근일점 통과 때 수집한 데이터에 태양에 관한 놀라운 내용이 담겨 있을

파커 태양탐사선의 시간표

연도	날짜	사건	태양까지 거리(100만km)	속도(km/s)	공전주기(일)
2018	8월 12일	발사	151.6	–	174
	10월 3일	첫 번째 금성 플라이바이	–	–	–
	11월 6일	첫 번째 근일점 통과	24.8	95	150
2019	4월 4일	두 번째 근일점 통과	24.8	95	150
	9월 1일	세 번째 근일점 통과	24.8	95	150
	12월 26일	두 번째 금성 플라이바이	–	–	–
2020	1월 29일	네 번째 근일점 통과	19.4	109	130
	6월 7일	다섯 번째 근일점 통과	19.4	109	130
	7월 11일	세 번째 금성 플라이바이	–	–	–
	9월 27일	여섯 번째 근일점 통과	14.2	129	112.5
202	1월 17일	일곱 번째 근일점 통과	14.2	129	112.5
	2월 20일	네 번째 금성 플라이바이	–	–	–
	4월 29일	여덟 번째 근일점 통과	11.1	147	102
	8월 9일	아홉 번째 근일점 통과	11.1	147	102
	10월 16일	다섯 번째 금성 플라이바이	–	–	–
	11월 21일	열 번째 근일점 통과	9.2	163	96
2022	2월 25일	열한 번째 근일점 통과	9.2	163	96
	6월 1일	열두 번째 근일점 통과	9.2	163	96
	9월 6일	열세 번째 근일점 통과	9.2	163	96
	12월 11일	열네 번째 근일점 통과	9.2	163	96
2023	3월 17일	열다섯 번째 근일점 통과	9.2	163	96
	6월 22일	열여섯 번째 근일점 통과	9.2	163	96
	8월 21일	여섯 번째 금성 플라이바이	–	–	–
	9월 27일	열일곱 번째 근일점 통과	7.9	176	92
	12월 29일	열여덟 번째 근일점 통과	7.9	176	92
2024	5월 30일	열아홉 번째 근일점 통과	7.9	176	92
	6월 30일	스무 번째 근일점 통과	7.9	176	92
	9월 30일	스물한 번째 근일점 통과	7.9	176	92
	11월 6일	일곱 번째 금성 플라이바이	–	–	–
	12월 24일	스물두 번째 근일점 통과	6.9	192	88
2025	3월 22일	스물세 번째 근일점 통과	6.9	192	88
	6월 19일	스물네 번째 근일점 통과	6.9	192	88

※ 거리는 태양 중심으로부터의 거리. 태양 표면에서의 거리는 이 수치에서 태양반경(약 70만km)을 빼면 된다.
참고로 수성은 태양에서 4600만~7000만km만큼 떨어진 거리의 궤도를 돈다.

것으로 보고 12월 초 탐사선으로부터 올 소식을 기다렸다. 다음 근일점 통과는 4개월 후인 2019년 4월 4일이다.

파커 태양탐사 미션의 기간은 7년이다. 파커 태양탐사선이 2025년 6월 19일 24번째 근일점 통과로 모든 미션을 마무리하겠지만, 그때까지 탐사선이 여전히 열방패 뒤의 장비를 보호하기 위한 자세 제어용 연료를 갖고 있다면, 담당 과학자들은 파커 태양탐사선에 연장 근무를 명령할 것이 분명하다. 대체로 그해 말까지 두 차례 더 태양 둘레를 공전할 수 있을 것으로 보인다. 물론 끝내 연료는 바닥날 것이며, 탐사선은 무동력 상태에 빠져 하이테크 열방패도 더 이상 쓸모없어진다.

그러면 파커 태양탐사선의 운명은 어떻게 될까. 과학자들은 탐사선의 각종 장비와 골격이 열방패를 제외하곤 아무것도 남지 않을 때까지 천천히 떨어져 나갈 것이라고 예상한다. 앤드루 드리스먼 파커 태양탐사선 프로젝트 매니저는 파커 태양탐사선의 마지막을 이렇게 시적으로 표현한다. "탐사선이 연료를 소진한 뒤 장비들이 하나씩 해체되는 데는 10년, 20년이라는 긴 시간이 걸린다. 그러면 이들로 인해 생긴 탄소 원반이 태양 궤도를 따라 떠돌 것이다. 태양이라는 별이 자신의 에너지로 길러냈던 인간이 기술을 개발해 만들어낸 물건이 자신의 품으로 날아들어 산화하고, 그 유물은 외로이 태양 궤도를 떠돌게 되는 셈이다. 우리는 그것이 얼마나 오래 태양 궤도를 떠돌 것인지 짐작할 수 있다. 그 탄소 원반은 아마도 태양계가 종말을 맞을 때까지 그렇게 태양 주위를 떠돌 것이다."

먼 훗날 인류가 지구를 떠나 어느 먼 외계행성으로 이주했다면, 그 후손들이 태양계를 다시 찾았을 때 조상이 남긴 탄소 원반이 떠도는 늙은 태양을 보게 될지도 모른다.

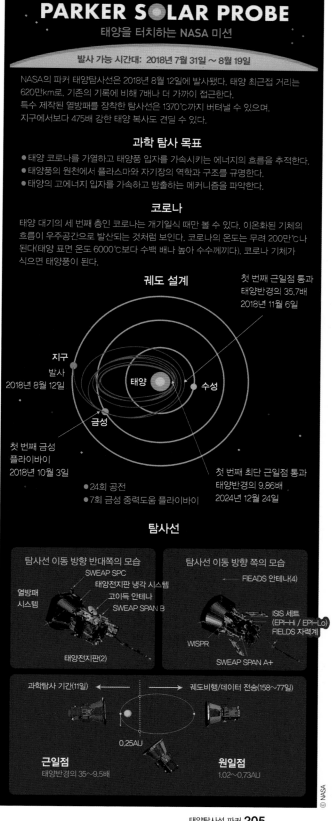

2018
노벨 과학상

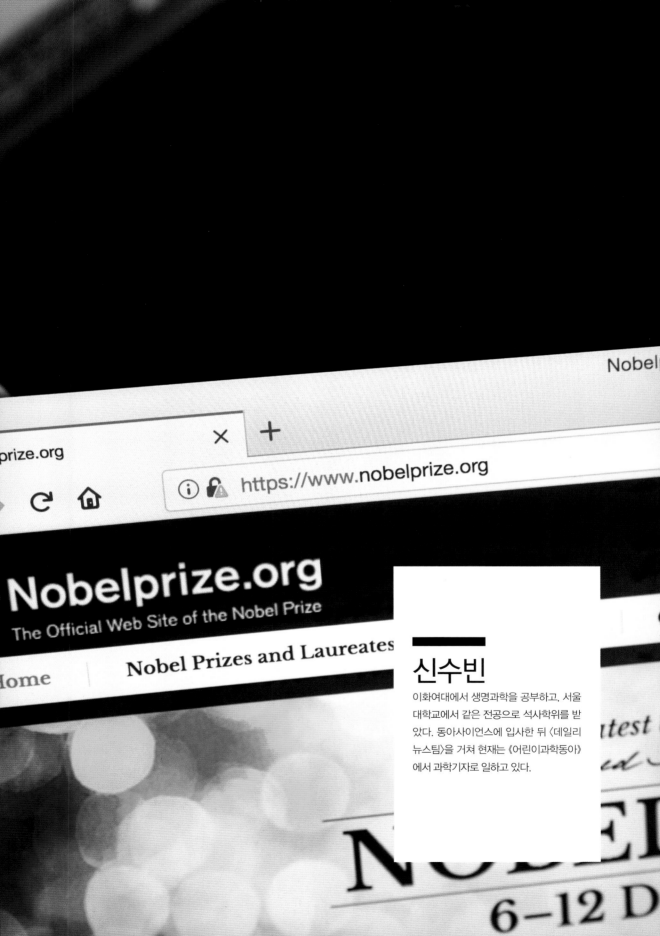

신수빈

이화여대에서 생명과학을 공부하고, 서울대학교에서 같은 전공으로 석사학위를 받았다. 동아사이언스에 입사한 뒤 〈데일리뉴스팀〉을 거쳐 현재는 《어린이과학동아》에서 과학기자로 일하고 있다.

2018 노벨 과학상,
인류의 건강을 지키다!

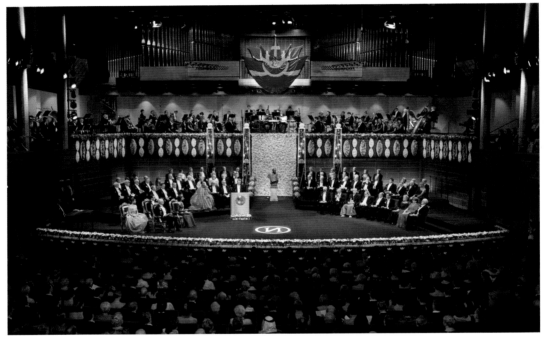

2018 노벨상 시상식
ⓒ Nobel Media

117년째 지켜진 노벨의 유언

'인류에 가장 큰 이바지를 한 사람들에게 상을 줄 것!'

2018년 가을에도 어김없이 노벨의 유언이 지켜졌다. 10월 1일부터 닷새 동안, 스웨덴 왕립과학원이 노벨상 수상자 12명을 차례로 발표했다. 노벨상은 1800년대 스웨덴의 과학자인 알프레드 노벨의 유언에서 시작된 상이다. 1866년 다이너마이트를 개발한 노벨은 다이너마이트가 잘 팔리면서 막대한 부를 축적했다. 그런데 잘 나가던 노벨은 1888년 어느 날, 한 프랑스 신문사가 실은 부고 기사를 보고 충격에 빠졌다. 멀쩡히 살아 있는 자신의 부고 기사가 실렸던 것이다. 알고 보니 그 기사는 그의 형인 루드빅 노벨이 사망한 것을 알프레드 노벨이 사망했다고 착각한 신문사의 실수였지만, 노벨은 부고 기사의 내용에 더 충격을 받았다. 부고 기사는 노벨의 죽음을 '죽음의 상인이 죽다(merchant of death is dead)'라고 표현하며, 다이너마이트와 폭탄, 무기를 개발한 노벨의 업적을 신랄하게 비판하고 있었다. 이에 노벨은 진짜 자신이 죽은 뒤, 사람들에게 어떤 평가를 받게 될지 고민하기 시작했고, 그 뒤 자신의 유산을 기부해 '노벨상'을 만들기로 결심했다. 노벨이 꾀한 이미지 변신은 지금까지 꽤 성공적인 듯하다. 그가 사망한 1896년 이후 그의 유산 약 3,100만 크로네를 기금으로 노벨 재단이 만들어졌고, 기금에서 나오는 이자는 1901년부터 매해 노벨상 수상자들에게 상금으로 주어졌다. 해마다 생리의학상, 물리학상, 화학상, 평화상, 경제학상, 문학상까지 총 6개 부문에 주어지는 노벨상은 그 권위가 상당한 탓에 이제 '노벨' 하면 노벨상을 가장 먼저 떠올리는 이들이 많아졌다.

2018년은 노벨상이 117번째로 수여되는 해다. 10월 1일 생리의학상을 시작으로 2일 물리학상, 3일 화학상, 5일 평화상, 8일 경제학상 수상자가 발표됐고, 노벨의 사망일인 12월 20일 수상식이 진행됐다.

2018 노벨상 관전 포인트 3

노벨상 수상자가 발표되는 10월 초가 되면 누가 노벨상을 수상했으며 어떤 업적으로 상을 받았는지 소개하는 기사가 연이어 올라온다. 하지만 2018년은 조금 달랐다. 단순 수상 소식 외에 이례적으로 주목받았던 사건 몇 가지를 먼저 소개한다.

① 96세 과학자, 최고령으로 수상!

노벨상은 살아 있는 사람에게만 주는 것을 원칙으로 하기 때문에 최고령 수상자가 등장하면 더욱 주목받는다. 그런데 바로 2018년 노벨상 수상자 발표에서 최고령 수상자 기록이 경신됐다. 그 주인공은 노벨

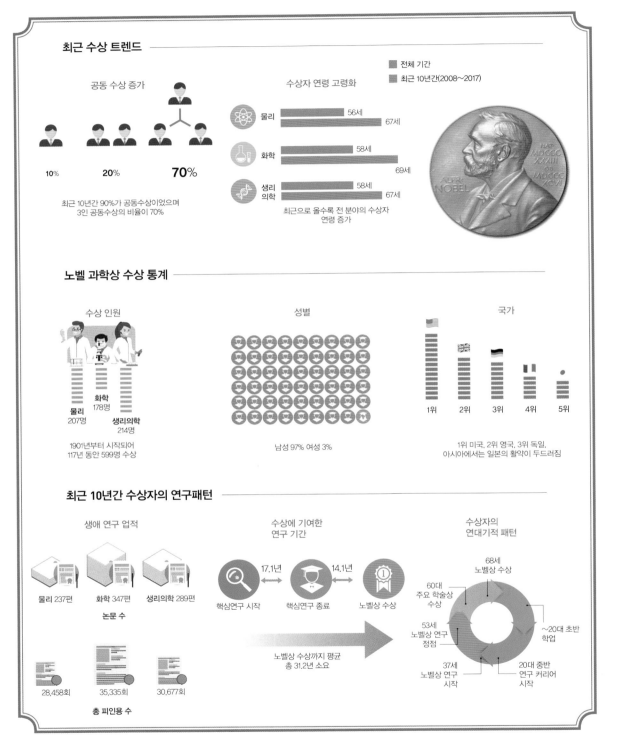

최근 수상 트렌드

공동 수상 증가

- 전체 기간
- 최근 10년간(2008~2017)

10% 20% **70%**

최근 10년간 90%가 공동수상이었으며
3인 공동수상의 비율이 70%

수상자 연령 고령화

물리 56세 / 67세
화학 58세 / 69세
생리
의학 58세 / 67세

최근으로 올수록 전 분야의 수상자
연령 증가

노벨 과학상 수상 통계

수상 인원

화학
178명
물리
207명
생리의학
214명

1901년부터 시작되어
117년 동안 599명 수상

성별

남성 97% 여성 3%

국가

1위 2위 3위 4위 5위

1위 미국, 2위 영국, 3위 독일,
아시아에서는 일본의 활약이 두드러짐

최근 10년간 수상자의 연구패턴

생애 연구 업적

물리 237편   화학 347편   생리의학 289편
논문 수

28,458회   35,335회   30,677회
총 피인용 수

수상에 기여한 연구 기간

17.1년   14.1년
핵심연구 시작   핵심연구 종료   노벨상 수상

노벨상 수상까지 평균
총 31.2년 소요

수상자의 연대기적 패턴

68세
노벨상 수상

60대
주요 학술상
수상

~20대 초반
학업

53세
노벨상 연구
정점

20대 중반
연구 커리어
시작

37세
노벨상 연구
시작

© 2018 노벨 과학상 종합분석 보고서, 한국연구재단

물리학상 수상자인 아서 애슈킨 박사다. 애슈킨 박사는 2018년 96세의 나이로 노벨상을 수상하면서 2007년 90세로 노벨 경제학상을 수상한 미국 미네소타대 레오니트 후르비치 교수의 기록을 깼다.

한편 실제로 노벨상 수상자가 고령화되고 있다는 연구 결과도 있다. 한국연구재단에서 발표한 '노벨 과학상 종합분석 보고서'에 따르면, 노벨상 수상자의 평균 연령은 실제로 점점 높아지는 추세다. 지금까지 노벨상을 받은 수상자 전체 평균 연령이 57세인 데 반해, 최근 10년 동안 노벨상을 받은 수상자들의 평균 나이는 67.7세로, 평균 10살 더 많아졌다. 이는 연구에 걸리는 시간, 또 연구를 마친 뒤 업적을 인정받기까지의 시간이 늘어난 탓이다. 20세기까지만 해도 30대 중반에 연구를 시작해 40대에 연구를 마쳤고, 50대에 업적을 인정받았지만, 최근 10년간 수상자를 분석한 결과 그 기간이 10년 가까이 늦춰졌다. 최근 10년 동안 노벨상을 받은 과학자들의 연구 과정을 분석한 결과, 평균 37.1세에 연구를 시작했고 평균 53.1세에 중요한 연구 결과를 얻었으며 평균 67.7세에 노벨상을 받았다.

② 노벨상 유리천장, 금 가기 시작했다?!

2018 노벨 과학상 수상자에 2명의 여성 과학자가 포함됐다. 55년 만에 노벨 물리학상을 받은 여성 과학자인 캐나다 워털루대 도나 스트릭랜드 교수, 그리고 9년 만에 노벨 화학상을 받은 여성 과학자인 미국 캘리포니아공과대 프랜시스 아널드 교수가 그 주인공이다. 지금까지 노벨상은 여성 과학자에게 지나치게 보수적이라는 평가를 받아왔다. 일례로 1903년 마리 퀴리는 방사성 물질을 발견한 공로로 남편 피에르 퀴리와 함께 노벨 물리학상을 수상했지만, 처음엔 수상자 후보에도 오르지 못했다. 본인의 단독 수상 소식을 들은 피에르 퀴리의 요구로 공동수상으로 변경됐다. 또 전체 수상자 비율도 노벨상의 남성 중심적인 모습을 대변한다. 1901년 노벨상이 생긴 이후 지금까지 노벨 물리학상, 화학상, 생리의학상을 수상한 과학자 604명 중 여성 과학자는 고작 3%로,

장클로드 아르노

20명에 불과하다. 그러던 중 마리 퀴리와 괴페르트 마이어의 뒤를 잇는 세 번째 여성 물리학상 수상자가 등장했고, 그다음 날 또 여성 화학상 수상자도 등장하면서 노벨상 유리천장에 금이 가기 시작했다는 평가가 나왔다.

③ 69년 만에 노벨 문학상 실종?!

2018년 노벨 위원회는 문학상을 뺀 나머지 5개 부문만 수상하기로 했다. 1949년 이후 69년 만에 노벨 문학상이 사라진 것이다. 어떻게 된 일일까? 노벨상을 수여하는 스웨덴 한림원에서 2017년 '미투 운동'이 일었기 때문이다. 미투 운동은 미국에서 시작된 해시태그 캠페인으로, 유명한 영화제작자인 하비 와인스타인의 성추행을 폭로하는 것에서 시작됐다. 당시 영화계에서 일하는 여성들이 '나도 하비 와인스타인의 피해자다'란 뜻에서 '#미투'라는 해시태그를 붙인 글을 트위터에 올리기 시작했고, 이 운동은 이내 전 세계, 모든 분야로 퍼져 나갔다.

스웨덴 한림원도 예외가 아니었다. 2017년 11월 18명의 여성이 노벨 문학상을 정하는 스웨덴 한림원 위원의 남편이자 사진작가인 장클로드 아르노가 지난 20년 동안 성폭행을 일삼아 왔다고 폭로하는 미투 운동을 벌었다. 그런데 이 폭로 이후에도 스웨덴 한림원은 이 사건을 제

한눈에 보는 2018 노벨 과학상 수상자 8인

수상 분야	이름(소속)	연구 업적
노벨 생리의학상	제임스 앨리슨(미국 텍사스대 명예교수)	CTLA-4를 이용한 면역항암치료제 개발
	혼조 다스쿠(일본 교토대 명예교수)	PD-1 발견, 면역항암치료제 개발
노벨 물리학상	아서 애슈킨(미국 벨연구소 전 연구원)	광학 집게 개발
	제라르 무루(프랑스 에콜 드 폴리테크니크 교수)	처프 펄스 증폭(CPA) 레이저 개발
	도나 스트릭랜드(캐나다 워털루대 교수)	
노벨 화학상	프랜시스 아널드(미국 캘리포니아공대 교수)	효소의 진화 유도
	조지 스미스(미국 미주리대 교수)	파지 디스플레이법 개발
	그레고리 윈터(영국 케임브리지대 교수)	파지 디스플레이로 항체 라이브러리 제작, 신약개발 과정에 기여

대로 조사하지 않았고, 해당 위원을 해임하지 않았으며 제대로 대처하지 못해 문제를 키웠다. 결국 이에 반발한 위원 6명이 집단으로 그만두면서, 2018년 노벨 문학상 수상은 취소됐으며, 2019년 노벨 문학상 수상자를 선정할 때 한 번에 정해 시상하기로 했다.

2018 노벨 과학상, 경계를 허물다

2018년 노벨 과학상 세 분야는 모두 생물학 및 의학에 기여했다는 공통점이 있다. 점점 물리학상, 화학상, 생리의학상의 경계가 모호해진다는 뜻이기도 하다. 특히 화학상과 생리의학상의 경계는 오래전부터 흐려졌다. 2009년 세포 안에서 단백질을 합성하는 리보솜의 기능을 밝힌 연구가 노벨 화학상을 받는가 하면, 2012년엔 세포막 G 단백질 결합 수용체(GPCR)를 발견한 연구자에게 노벨 화학상이 돌아갔다. 두 분야의 경계가 흐려진 건 최근 8년간 노벨 화학상 수상 분야를 분석해 보면 더욱 뚜렷하게 드러난다. 2011~2018년 사이에 발표된 노벨 화학상 8개 중 4개가 생화학, 핵산 분석 분야 연구자에게 돌아갔다.

한편 2018년에는 노벨 물리학상까지 세 개의 노벨 과학상이 모두 생물학, 의학에 영향을 미친 연구에 주어졌다. 어떤 연구들인지 자세한 내용을 살펴보자.

노벨 생리의학상, 암 정복의 길을 열다!

2018년 노벨 생리의학상은 미국 텍사스대 제임스 앨리슨 교수와 일본 교토대 혼조 다스쿠 명예교수가 공동으로 수상했다. 두 사람은 암세포가 면역 관문 수용체를 조절해 면역 세포의 공격을 피하는 방법을 알아내고, 암세포의 전략을 역으로 이용해 면역 세포의 공격력을 다시 높일 수 있는 방법을 개발했다. 특히 두 사람의 연구는 실제로 암 면역 치료제 개발까지 이어졌기에 노벨 위원회는 두 사람을 수상자로 선정한

노벨 생리의학상 수상자들

혼조 다스쿠(일본 교토대 명예교수)

제임스 앨리슨(미국 텍사스대 명예교수)

데 대해 '면역 활동을 조절하는 새로운 암 치료법을 발견한 공로'라고 밝혔다.

면역 체계를 켜고 끄는 스위치, '면역 관문'

우리 몸은 외부에서 바이러스가 침입하는 식의 이상 상황이 생기면 면역 체계를 작동시킨다. 이때 '면역 관문 수용체(Immune Checkpoint Receptor)'라고 불리는 단백질이 면역 체계를 작동시킬지 말지를 결정하는 데 중요한 역할을 한다. 면역 관문 수용체는 보통 면역 세포의 표면에 머무르면서 면역 체계를 조절한다. 크게 면역 체계를 활성화시키는 것과 억제시키는 것, 두 종류로 나눌 수 있다.

예를 들어 'CD27'과 같은 단백질은 면역 체계를 활성화시키는 종류다. 우리 몸에 항원이 들어오면 항원을 처리할 수 있는 T세포 수를 늘리고, 다음에 또 같은 항원이 들어왔을 때를 대비해 항원을 기억하는 T세포를 불리며 면역 체계를 활성화시킨다. 반면 2018 노벨 생리의학상의 연구대상이었던 'PD-1'과 'CTLA-4'와 같은 단백질은 면역 체계를 억제하는 역할을 한다. 이들은 평상시 작동하지 않다가 면역 반응이 과하게 일어났을 때, 이를 막기 위해 작동한다. 쉽게 말해 면역 체계의 브레이크와 같은 역할을 한다.

면역 작용을 억제하는 면역 관문 수용체를 자동차 브레이크에 비유했다. 2018 노벨 생리의학상 수상자들의 업적인 면역 항암제가 브레이크에 달라붙어 면역 관문을 조절하고 있다.
ⓒ Nobel Media, Mattias Karlén

하지만 이 브레이크는 암세포가 살아남을 수 있는 여지를 준다는 맹점이 있다. 우리 몸은 암세포도 침입자로 여겨 면역 체계를 활발하게 하는데, 이때 면역 브레이크가 작동하기 때문이다. 즉 몸속에 암세포가 생겨나면, 면역 체계를 억제하는 단백질이 만들어지고, 면역 활동이 줄어들면 암세포가 죽지 않고 그대로 살아남을 수 있다는 뜻이다.

암세포의 전략을 역으로 이용한 '면역 항암제'

초기 항암제는 암세포가 빠르고 끊임없이 세포분열을 한다는 점

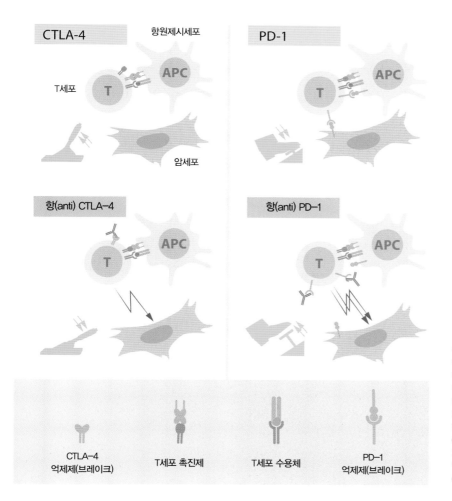

침입자가 우리 몸에 들어오면 항원제시세포가 T세포에게 침입자의 정보인 '항원'을 넘긴다. 그런데 암세포가 생기면 T세포 표면에 PD-1과 CTLA-4가 생기며 이 과정을 방해한다(위쪽 두 그림). 이때 면역 항암제를 쓰면 항체가 PD-1과 CTLA-4에 달라붙어 두 단백질의 기능을 막고, 다시 면역 활동이 일어나도록 돕는다(아래쪽 두 그림).
© Nobel Media

에 초점을 맞추어 이 과정을 막는 식이었다. 빠르게 자라는 세포를 골라 죽이는 화학약품을 처리하는 '세포독성 항암화학요법'이 주를 이루었다. 하지만 세포독성 항암화학요법은 암세포뿐만 아니라 골수 세포, 점막, 머리카락처럼 빠르게 자라는 다른 세포들에게까지 영향을 미치는 치명적인 단점이 있었다. 특히 골수 세포엔 면역세포인 백혈구가 포함돼 세포독성 항암화학요법을 사용하면 면역력이 떨어지는 부작용도 따라왔다. 이에 과학자들은 암세포에서 특이적으로 나타나는 단백질에 작용하는 표적 항암화학요법을 개발했다. 여기서 표적이 되는 단백질은 주로 암세포가 성장하는 데 필요한 효소나 성장인자 등이었다. 하지만 암세포는 빠르게 세포분열을 일으키며 돌연변이가 흔히 일어났고, 이 때문에 항암제의 효력이 점차 떨어지는 문제가 있었다.

이번 노벨상 수상 분야인 '면역 항암제'는 기존 항암제의 단점을 보완한다. 앞에서 언급한 면역 관문을 조절함으로써 체내의 면역 체계가 알아서 암세포를 없애도록 돕는 식이다. 암세포를 직접 공격하지 않으면서 면역 활동을 활발히 만드는 새로운 차원의 항암제인 셈이다.

먼저 2018 노벨 생리의학상 수상자 중 한 명인 앨리슨 교수는 미국 버클리 캘리포니아대에서 연구하던 1991년 T세포 표면 단백질인 CTLA-4로 면역 항암제를 개발했다. CTLA-4에 달라붙어 면역을 억제하지 못하도록 막는 항체를 개발한 것이다. 1994년엔 실제 실험용 쥐에

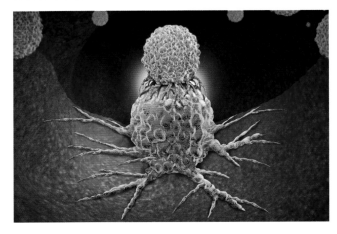

면역세포 중 하나인 T세포가 암세포를 공격하는 상상도. 면역 항암제는 면역 관문을 조절함으로써 체내 면역 체계가 알아서 암세포를 없애도록 돕는다.

면역 항암제를 적용해 암세포가 줄어드는 것까지 확인했다. 이후 이 항체 면역 항암제는 2011년 개발된 최초의 면역 항암제 '여보이(Yervoy)'가 됐다.

한편 또 다른 생리의학상 수상자 혼조 교수는 1992년 일본 교토대에서 PD-1이라는 단백질을 발견했다. 그리고 추가 실험을 진행한 결

과, PD-1을 억제하면 암세포가 줄어든다는 사실도 알아냈다. 이에 혼 조 교수가 발견한 PD-1도 면역 항암 치료제용으로 연구되기 시작했고, 2016년 출시된 면역 항암 치료제 '옵디보'로 발전했다.

노벨 물리학상, 빛으로 도구를 만들다!

2018 노벨 물리학상은 '레이저'와 관련된 기술을 개발한 과학자 세 명에게 돌아갔다. 미국 벨연구소 아서 애슈킨 박사, 프랑스 에콜 드 폴리테크니크 제라르 무루 교수, 캐나다 워털루대 도나 스트릭랜드 교 수가 그 주인공이다.

모두 레이저 분야를 연구했다는 공통점은 있지만, 수상자 셋은 다 시 두 가지 세부 분야 연구자로 나뉜다. 애슈킨 박사는 레이저를 이용해 '광학 집게'를, 무루 교수와 스트릭랜드 교수는 '처프 펄스 레이저(CPA)' 를 개발했다. 노벨 물리학상 선정위원회 올가 보트너 위원장은 "지난 60년 동안 레이저 장치는 절단, 레이저 프린트, 바코드, 레이저 수술 등 다양한 분야에 활용돼 왔다"며 "이 분야에서 새로운 길을 열어준 분들 의 공로를 인정한다"고 세 사람을 수상자로 선정한 이유를 밝혔다.

빛으로 세포를 잡는다, 광학 집게

1970년 벨연구소에서 연구하던 애슈킨 박사는 빛의 세기를 측정 하기 위한 실험을 구상했다. 당시 기술로는 빛의 세기를 계산할 순 있지 만, 실험으로 구현할 순 없었기 때문이다. 그러던 중 애슈킨 박사는 레 이저로 입자를 가속시킨 뒤, 그 속도를 측정해 빛의 속도를 알아내는 실 험을 고안했다. 작은 입자의 움직임을 관찰하기 위해 물이 찬 수조를 준 비했고, 그 안에 지름 0.59μm(마이크로미터, 1μm=100만분의 1m), 1.31μm, 2.68μm짜리 라텍스 구슬을 넣었다. 그리고 여기에 541nm(나 노미터, 1nm=10억분의 1m) 파장대의 아르곤 레이저를 쏘는 것이 계획 이었다. 그런데 레이저를 켜자 뜻밖의 일이 벌어졌다. 물속에 담긴 라텍

스 구슬이 레이저 빛이 나아가는 방향을 따라 규칙성 있게 움직이는 것이다. 반면 레이저를 끄면 다시 입자들은 규칙성 없이 흩어졌다. 이 점에 흥미를 느낀 애슈킨 박사는 이번엔 수조 양쪽에서 레이저를 쏘아 보았다. 그러자 두 레이저가 만나는 곳에 있던 라텍스 구슬은 3차원 공간 안에서 움직이지 않고 제자리에 멈춰 있었다. 이 현상을 본 애슈킨 박사

광학 집게의 원리

1 레이저의 압력 때문에 작은 입자도 레이저 진행 방향으로 이동한다.

2 레이저는 가장자리보다 중심에서의 힘이 더 강하다. 이는 전기장을 변화시키고, 가운데 쪽으로 경사힘(gradient force)을 만든다. 이 때문에 레이저와 함께 이동하던 입자들은 가운데로 몰린다.

3 렌즈를 사용하면 레이저빔을 더 강하게 한 초점으로 모을 수 있다. 그러면 입자도 이 초점에 함께 붙잡힌다.

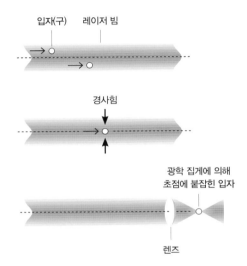

© Johan Jarnestad/The Royal Swedish Academy of Sciences

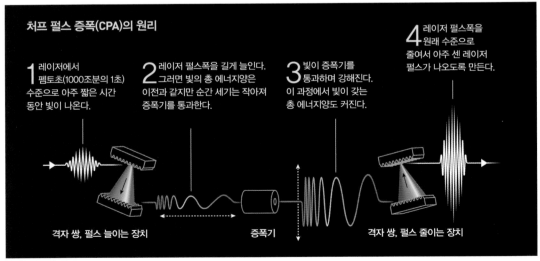

처프 펄스 증폭(CPA)의 원리

1 레이저에서 펨토초(1000조분의 1초) 수준으로 아주 짧은 시간 동안 빛이 나온다.

2 레이저 펄스폭을 길게 늘인다. 그러면 빛의 총 에너지양은 이전과 같지만 순간 세기는 작아져 증폭기를 통과한다.

3 빛이 증폭기를 통과하며 강해진다. 이 과정에서 빛이 갖는 총 에너지양도 커진다.

4 레이저 펄스폭을 원래 수준으로 줄여서 아주 센 레이저 펄스가 나오도록 만든다.

격자 쌍, 펄스 늘이는 장치   증폭기   격자 쌍, 펄스 줄이는 장치

© Johan Jarnestad/The Royal Swedish Academy of Sciences

는 이 실험을 1970년 1월 26일 논문으로 발표
했다. 이것이 바로 최초의 광학 집게였다.

하지만 당시 애슈킨 박사가 개발한 광학
집게는 분자나 원자, 세포 등과 같이 실제 연
구에 필요한 물질을 잡지 못했다. 이후 애슈
킨 박사는 실제로 사용할 수 있을 만한 광학
집게 기술을 개발하기 시작했고, 첫 발견으로
부터 16년 뒤인 1986년 레이저빔 하나로 입자
를 붙잡을 수 있는 광학 집게를 개발하기에 이
르렀다. 그 결과 1987년 애슈킨 박사는 담배
모자이크바이러스, 대장균 등의 생물체를 광
학 집게로 잡는 데도 성공했다. 그의 연구는
생물 물리학 분야에 지대한 영향을 미쳤다.

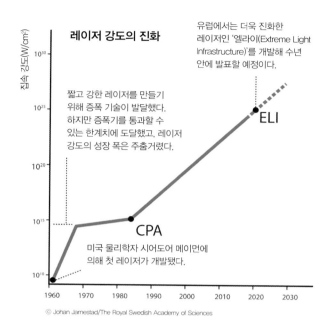

광학 현미경으로 작은 입자를 들여다보면서 입자를 잡고 움직일 수 있
도록 함으로써 미시세계를 자세히 관찰하는 데 기여했다.

미세한 레이저 절단을 가능케 하다, CPA

한편 무루 교수와 스트릭랜드 교수는 '처프 펄스 증폭(CPA)'이라
불리는 고출력 레이저 기술을 개발한 공로로 노벨 물리학상을 공동 수
상했다. 1960년대 등장한 레이저는 에너지를 키워주거나 펄스폭을 줄
여 그 세기가 점점 강해졌다. 하지만 1980년대 들어서자 레이저의 세기
는 점차 더디게 성장했다. 레이저의 세기가 세지면서 에너지를 키워주
는 '증폭기'를 더욱 크게 만들기 어려워졌기 때문이다. 이에 무루 교수
와 스트릭랜드 교수는 우선 펄스폭이 매우 짧은 레이저의 펄스폭을 늘
였다. 그러면 빛의 총 에너지양은 같지만 레이저의 순간 세기는 작아져
증폭기를 무사히 통과시킬 수 있기 때문이다. 이후 증폭기를 통과한 레
이저의 펄스폭을 압축시키면, 펄스의 길이는 짧지만 세기는 훨씬 더 강
해진 레이저를 얻을 수 있었다. 이를 '처프 펄스 증폭(CPA)'이라고 한다.

프랜시스 아널드 (미국 캘리포니아공대 교수)

조지 스미스 (미국 미주리대 교수)

그레고리 윈터 (영국 케임브리지대 교수)

　　CPA가 등장한 이후 레이저의 세기는 다시 4~5년마다 두 배 이상씩 커지고 있다. 이처럼 새로운 레이저 기술의 등장은 작지만 강한 소형 고출력 레이저 개발을 가능케 했고, 기초과학 분야는 물론 라식 수술처럼 미세한 절단이 필요한 응용 분야에도 레이저가 무궁무진하게 활용되도록 도왔다.

노벨 화학상, 생물로 단백질 공장을 만들다

　　2018 노벨 화학상은 '단백질의 진화'를 연구한 미국 캘리포니아공과대 프랜시스 아널드 교수, 미국 미주리대 조지 스미스 교수, 그리고 영국 케임브리지대 그레고리 윈터 교수 세 사람에게 돌아갔다. 노벨 위원회는 "다윈의 진화론을 시험관에 적용해 인류에게 엄청난 이익을 가져다주었다"며 세 사람의 업적을 높이 평가했다.

효소에 진화를 일으키다
　　먼저 2018년 첫 번째 노벨 화학상 수상자로 발표된 아널드 교수의 연구부터 살펴보자. 아널드 교수는 생물의 유전자에 조금씩 돌연변이가 일어나며 진화하는 과정을 '효소'에 적용한 공로를 인정받았다. 효소는 생물체 내에서 화학반응이 일어나도록 도와주는 단백질이다. 우리 침 속에 포함돼 탄수화물을 분해하는 아밀라아제, 위에서 단백질을 분해하는 펩신 등이 모두 효소에 속한다. 물론 효소는 소화뿐만 아니라 세포가 화학반응을 통해 ATP 에너지를 만드는 일부터 유전자 복제까지 우리 몸 안에서 벌어지는 대부분의 화학반응에 관여하고 있다. 그래서 생명체가 진화하는 과정에서 자연스럽게 효소도 함께 진화해 왔다. 예를 들어 호주의 대표 동물인 코알라가 오랜 기간 동안 유칼립투스 잎을 주식으로 먹으면서 유칼립투스의 독을 해독하는 효소 유전자를 갖도록 진화한 것처럼 말이다. 아널드 교수는 이처럼 오랜 기간에 걸쳐 일어나는 효소의 진화에서 힌트를 얻어, 실험실에서 효소의 진화를 만들어내는 방법을 개발했다. 실험 과정은 자연에서 일어나는 효소의 진화와 유사하다. 먼저 특정 효소를 만드는 유전자에 임의로 돌연변이를 일으킨다. 그러면 돌연변이에 따라 다양한 효소 변이체가 만들어지는데, 이때 원하는 기능이 가장 잘 발현된 효소만 남기고 나머지는 버린다. 단, 여기서 끝이 아니다. 이 효소의 유전자에 임의로 돌연변이를 일으켜 원하는 기능이 더욱 강화된 효소를 선별하는 작업을 반복한다. 이후 이 실험 기법은 계속해서 개량됐고, 이제는 자연계에 존재하지 않던 효소를 만들어

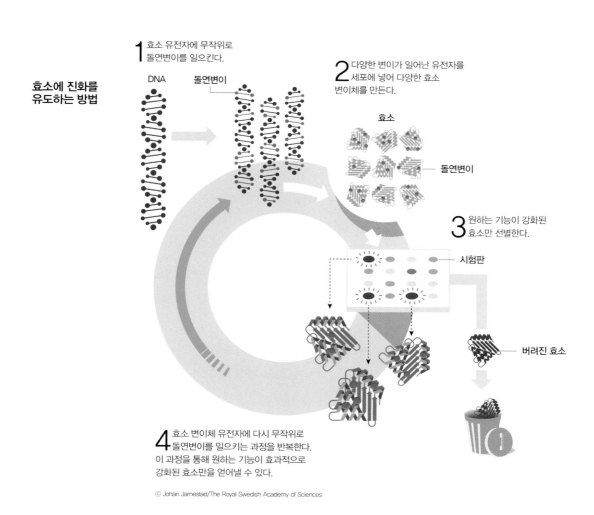

효소에 진화를 유도하는 방법

1 효소 유전자에 무작위로 돌연변이를 일으킨다.

DNA 돌연변이

2 다양한 변이가 일어난 유전자를 세포에 넣어 다양한 효소 변이체를 만든다.

효소

돌연변이

3 원하는 기능이 강화된 효소만 선별한다.

시험판

버려진 효소

4 효소 변이체 유전자에 다시 무작위로 돌연변이를 일으키는 과정을 반복한다. 이 과정을 통해 원하는 기능이 효과적으로 강화된 효소만을 얻어낼 수 있다.

ⓒ Johan Jarnestad/The Royal Swedish Academy of Sciences

내는 수준까지 도달했다. 그 결과 유해 물질이나 플라스틱을 분해하는 효소를 만들어내는 식으로 다양한 분야에 활용되고 있다.

세균과 바이러스를 이용해 원하는 단백질을 골라내다!

스미스 교수는 1985년 바이러스를 이용해 원하는 유전자와 단백질을 찾는 기술을 개발했다. 이 기술은 '박테리오파지'라고 불리는 바이러스가 특정 단백질을 표면에 내보이도록(디스플레이) 만든다는 뜻에서 '파지 제시법' 또는 '파지 디스플레이'라고 불린다.

파지 디스플레이는 본래 특정 단백질을 만드는 유전자를 찾아내기 위해 개발됐다. 유전자 하나하나의 기능을 정확히 모르던 시절에 유전자가 만들어내는 단백질이 어떤 것인지 알아내기 위해서였다. 방법은 이렇다. 박테리오파지의 캡슐을 만드는 유전자 옆에다가 미지의 유전자를 끼워 넣으면, 박테리오파지 표면엔 미지의 유전자가 만들어낸 단백질도 함께 나타날 것이다. 이 박테리오파지를 특정 단백질과 결합하는 항체에 뿌린다. 이미 항체의 구조와 항체가 달라붙는 단백질의 구조를 알고 있기 때문에 만약 미지의 단백질이 항체에 결합했다면, 역으로 단백질의 구조를 추적할 수 있다.

그런데 스미스 교수가 개발한 파지 디스플레이 기술이 더욱 빛을 발한 건 그레고리 윈터 연구원이 다르게 활용하면서부터다. 즉 윈터 연구원은 단백질의 정체를 알고 항체의 정체를 모르는 상황에 파지 디스플레이 기술을 사용했다. 다양한 항체들이 섞여 있을 때, 이들 중 특정 단백질과 잘 붙는 항체들을 골라내기 위해 이 기술을 쓴 것이다. 이렇게 하면 약품으로 사용되는 항체를 골라내는 데 훨씬 용이하다. 타깃 단백질에 달라붙을 것이라고 추측되는 항체에 다양한 변이를 만든 뒤, 파지 디스플레이 기술로 골라내는 식이다. 대표적인 사례가 의약품 매출 1위를 기록하는 류머티즘 관절염 치료제 '휴미라'이며, 이 밖에도 항체를 이용하는 수많은 의약품의 개발을 도왔다.

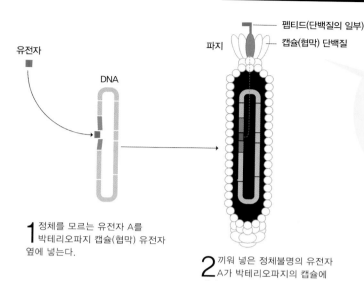

유전자

DNA

파지

펩티드(단백질의 일부)

캡슐(협막) 단백질

항체

펩티드

1 정체를 모르는 유전자 A를 박테리오파지 캡슐(협막) 유전자 옆에 넣는다.

2 끼워 넣은 정체불명의 유전자 A가 박테리오파지의 캡슐에 펩티드 A를 만들어낸다.

3 관심 있는 펩티드와 결합하는 항체에다가 조작한 박테리오파지를 뿌린다. 만약 항체에 박테리오파지가 붙는다면, 유전자 A가 만들어낸 펩티드 A가 관심 있는 펩티드라는 사실을 알 수 있다.

파지 디스플레이 응용

1 항체의 일부를 만들어내는 유전자를 박테리오파지 캡슐 유전자에 끼워 넣는다. 이때 후보군으로 꼽히는 다양한 항체의 유전자를 끼워 넣는다.

항체의 결합부

항체

2 원하는 단백질에 강하게 달라붙는 항체만을 선별한다.

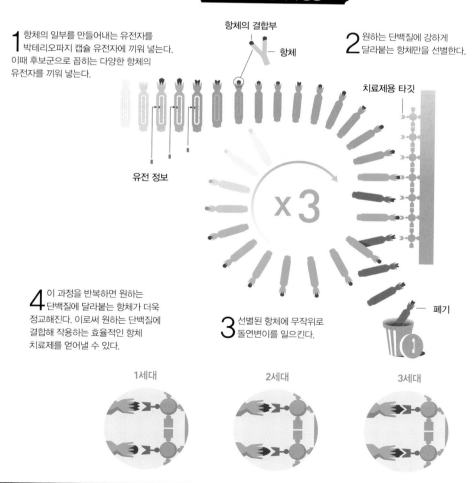

유전 정보

치료제용 타깃

x3

4 이 과정을 반복하면 원하는 단백질에 달라붙는 항체가 더욱 정교해진다. 이로써 원하는 단백질에 결합해 작용하는 효율적인 항체 치료제를 얻어낼 수 있다.

3 선별된 항체에 무작위로 돌연변이를 일으킨다.

폐기

1세대

2세대

3세대

'롤러코스터를 타면 신장 결석이 빠진다.' '사람이 침팬지를 따라 할까, 침팬지가 사람을 따라 할까?' '인육의 영양은 어느 정도일까?'

매해 노벨상 시상식 한 달쯤 전, 황당하지만 궁금한 연구를 한 과학자를 선발하는 '이그노벨상' 시상식도 열린다. 2018년에도 어김없이 '마음껏 웃어라, 하지만 이내 깊게 생각하게 될 것이다'라는 캐치프레이즈에 어울리는 연구들이 상을 받았다. 하지만 우습다고 얕보면 안 된다. 황당한 아이디어지만 엄연히 연구자가 직접 실험을 진행하고, 그 결과를 논문으로 발표한 연구들이다. 2018년 이그노벨상을 받은 대표적인 연구 결과들을 살펴보자.

의학상, 롤러코스터를 타면 신장결석 빠진다!

"제 환자 중 한 명이 디즈니랜드에 있는 한 롤러코스터를 타고 신장 결석이 빠졌다고 얘기해 줬어요. 심지어 한 환자는 결석 3개가 동시에 빠졌다고도 했어요. 그 애길 듣고 연구를 시작했죠."

미국 미시간주립대 의사 데이비드 워팅거는 진지하게 연구를 시작했다. 환자들이 말한 디즈니랜드의 롤러코스터 '빅 썬더 마운틴 레일로드'에서 신장 모형으로 실험을 진행한 것이다. 보통 신장 결석은 칼슘으로 이루어져 있어 신장이나 요도, 방광에 박힌 채 잘 빠지지 않는다. 하지만 크기가 5mm 이하일 경우 보통 별다른 치료 없이 오줌으로 배출될 때까지 기다린다. 워팅거 박사는 이런 경우 롤러코스터가 도움이 되는지 궁금했다. 그래서 신장 결석이 박힌 신장 모형을 백팩에 넣은 채, 빅 썬더 마운틴 레일로드를 스무 번 탔다. 그러면서 좌석의 위치에 따라 달라지는지도 실험했다.

그 결과, 다른 롤러코스터에서는 빠지지 않던 결석이 빅썬더 마운틴 레일로드에서만 빠졌다. 또 뒷좌석에 앉을 경우 63.9% 확률로, 앞좌석에 앉을 경우 16.7% 확률로 결석이 빠지는 것을 확인했다. 워팅거 박사는 결석이 빠지는 롤러코스터의 특징에 대해 "빠르고 거칠게 움직여야 하며, 트위스트 식의 회전이 있는 게 좋다"면서도 "하지

롤러코스터 '빅 썬더 마운틴 레일로드'

만 위아래가 뒤집어지면서 꼬인 레일은 없어야 한다"고 말했다.

영양학상, 인육의 영양은 어느 정도?

2017년 영국 브링턴대 제임스 콜 교수는 인육의 영양이 어느 정도인지 이론적으로 계산했다. 고대의 인류가 인육을 먹었을 것이라는 주장이 진짜인지, 인육이 정말 충분한 영양분이 됐을지 검토해 보기 위해서였다.

콜 교수는 구석기 시대 화석을 분석해 사람의 각 기관별 영양 성분을 분석했다. 단백질과 지방 함량을 추측하고 그 양을 다시 열량으로 변환한 결과, 성인 남성 1명의 근육에서 3만 2000kcal(킬로칼로리)를 섭취할 수 있는 것으로 계산됐다. 이는 사슴의 근육에서 얻을 수 있는 열량이 16만 3000kcal이며, 당시 사냥할 수 있었던 매머드의 근육에서 얻을 수 있는 열량이 360만kcal였던 것을 고려하면 턱없이 부족한 양이다. 콜 교수는 인육을 먹을 필요가 없었다는 점을 강조하며, "말 한 마리를 먹더라도 사람 여섯 명을 먹는 것과 같은 열량을 얻을 수 있다"고 말했다.

인육과 다른 고기의 열량 비교(kcal)

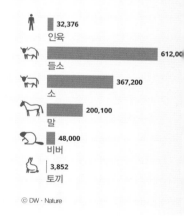

인육	32,376
들소	612,00
소	367,200
말	200,100
비버	48,000
토끼	3,852

© DW · Nature

생물학상, 초파리가 빠진 와인을 구별할 수 있을까?

스웨덴 농업과학대 연구팀은 초파리가 와인의 맛을 바꾼다는 연구결과를 발표해 이그노벨 생물학상을 수상했다. 스웨덴 연구팀은 한 와인 전문가의 말에서 힌트를 얻었다. 와인 전문가가 "초파리가 빠지자 와인의 맛이 달라졌다"고 말한 것을 듣고, 왜 달라지는지 연구를 시작한 것이다.

초파리 암컷은 짝짓기를 할 때 페로몬을 뿜어 수컷을 유혹한다. 이때 암컷이 내뿜는 페로몬은 시간당 약 2.4ng(나노그램, 1ng=10억분의 1g) 정도다. 보통 사람의 후각으로는 공기 중에 있는 암컷의 페로몬을 절대 알아챌 수 없다. 하지만 초파리가 와인에 빠지면 상황이 달라졌다. 와인 전문가들이 일반 와인과 초파리가 5분 동안 빠진 와인을 비교해 시음한 결과, 일반 와인의 진하기가 1인 반면, 초파리가 5분 동안 빠진 와인은 진하기가 7.3 정도였다.

연구팀은 사람이 맛을 평가할 때 후각도 사용하기 때문에 페로몬의 향이 더해진 걸 느낀 것이라고 분석했다.

화학상, 옛 미술품 닦을 때는 침이 가장 효과적

침을 뱉어 얼룩을 지우던 일이 헛된 일이 아니었음을 알려주는 연구가 있다. 바로 2018년 이그노벨 화학상을 받은 포르투갈 문화재복원연구센터 파울라 우마오 연구원 연구팀의 연구다.

우마오 연구원 연구팀은 침의 세정력이 옛 미술품을 닦을 때 효과적인지 확인했다. 보통 미술품을 세정할 때 사용하던 크실렌, 백유와 함께 침의 세정력을 비교했다. 그 결과 유화, 금박작품, 템페라 등 작품의 종류를 가리지 않고 침의 세정력이 가장 뛰어난 것을 확인했다. 특히 침으로 미술품을 닦는 경우 미술품이 거의 훼손되지 않는다는 장점도 있었다. 연구팀은 이런 세정력이 침 속에 들어 있는 소화효소 '알파-아밀라아제(α-amylase)' 덕분이라고 분석했다. 탄수화물의 구조를 풀어 소화시키는 아밀라아제가 얼룩 입자를 풀어주는 역할을 하는 것이다.

이런 아밀라아제의 역할은 이미 우리도 겪으며 살아가고 있다. 실제로 친환경 세제, 자연 세제라고 불리는 세제의 성분을 살펴보면, 아밀라아제를 비롯해 지방을 분해하는 리파아제, 단백질을 분해하는 프로테아제 등이 첨가돼 있다.

옛 미술품을 복원할 때는 침으로 깨끗이 닦기도 한다.
© Buffalo Bill Center of the West

인류학상, 사람이 침팬지를 따라 한다?

동물원에 가서 침팬지의 행동을 가만히 관찰해 본 적 있는가. 스웨덴 룬드대 토머스 페르손 연구원 연구팀은 동물원 침팬지의 행동을 관찰하다가 침팬지의 행동이 관람객의 행동과 비슷하다는 것을 발견했다.

연구팀은 21일 동안 동물원에 머물며 52시간 동안 침팬지와 관람객의 행동을 관찰해 기록했다. 관찰 과정 전체는 영상으로 녹화됐다. 그 결과 전체 행동 중 사람이 침팬지를 따라 한 경우는 9.37%, 침팬지가 사람을 따라 한 경우는 9.41%였다. 즉, 두 동물이 서로를 따라 한 빈도가 비슷했던 것이다. 페르손 연구원은 "우리 연구가 우스꽝스럽다고 생각한 적이 없었는데, 이그노벨상 주최 측의 전화를 받고 깨달았다"고 수상 소감을 밝혔다.